环保公益性行业科研专项经费项目系列丛书

制药行业
VOCs监测技术

邢志贤　王淑娟　郭 斌　编著

化学工业出版社

·北京·

图书在版编目（CIP）数据

制药行业 VOCs 监测技术/邢志贤，王淑娟，郭斌编著．—北京：化学工业出版社，2014.5

（环保公益性行业科研专项经费项目系列丛书）

ISBN 978-7-122-20048-8

Ⅰ．①制…　Ⅱ．①邢…②王…③郭…　Ⅲ．①制药工业-挥发性有机物-空气污染监测-研究-中国　Ⅳ．①X513

中国版本图书馆 CIP 数据核字（2014）第 047019 号

责任编辑：刘兴春　董　琳　　　　　　　　装帧设计：关　飞

责任校对：边　涛

出版发行：化学工业出版社（北京市东城区青年湖南街 13 号　邮政编码 100011）

印　　刷：北京云浩印刷有限责任公司

装　　订：三河市前程装订厂

787mm×1092mm　1/16　印张 11½　字数 231 千字　　2014 年 8 月北京第 1 版第 1 次印刷

购书咨询：010-64518888（传真：010-64519686）　售后服务：010-64518899

网　　址：http://www.cip.com.cn

凡购买本书，如有缺损质量问题，本社销售中心负责调换。

定　　价：68.00 元　　　　　　　　　　　　　　　　　版权所有　违者必究

序　言

　　我国作为一个发展中的人口大国，资源环境问题是长期制约经济社会可持续发展的重大问题。党中央、国务院高度重视环境保护工作，提出了建设生态文明、建设资源节约型与环境友好型社会、推进环境保护历史性转变、让江河湖泊休养生息、节能减排是转方式调结构的重要抓手、环境保护是重大民生问题、探索中国环保新道路等一系列新理念新举措。在科学发展观的指导下，"十一五"环境保护工作成效显著，在经济增长超过预期的情况下，主要污染物减排任务超额完成，环境质量持续改善。

　　随着当前经济的高速增长，资源环境约束进一步强化，环境保护正处于负重爬坡的艰难阶段。治污减排的压力有增无减，环境质量改善的压力不断加大，防范环境风险的压力持续增加，确保核与辐射安全的压力继续加大，应对全球环境问题的压力急剧加大。要破解发展经济与保护环境的难点，解决影响可持续发展和群众健康的突出环境问题，确保环保工作不断上台阶出亮点，必须充分依靠科技创新和科技进步，构建强大坚实的科技支撑体系。

　　2006年，我国发布了《国家中长期科学和技术发展规划纲要（2006—2020年）》（以下简称《规划纲要》），提出了建设创新型国家战略，科技事业进入了发展的快车道，环保科技也迎来了蓬勃发展的春天。为适应环境保护历史性转变和创新型国家建设的要求，国家环境保护总局于2006年召开了第一次全国环保科技大会，出台了《关于增强环境科技创新能力的若干意见》，确立了科技兴环保战略，建设了环境科技创新体系、环境标准体系、环境技术管理体系三大工程。五年来，在广大环境科技工作者的努力下，水体污染控制与治理科技重大专项启动实施，科技投入持续增加，科技创新能力显著增强；发布了502项新标准，现行国家标准达1263项，环境标准体系建设实现了跨越式发展；完成了100余项环保技术文件的制订、修订工作，初步建成以重点行业污染防治技术政策、技术指南和工程技术规范为主要内容的国家环境技术管理体系。环境科技为全面完成"十一五"环保规划的各项任务起到了重要的引领和支撑作用。

　　为优化中央财政科技投入结构，支持市场机制不能有效配置资源的社会公益研究活动，"十一五"期间国家设立了公益性行业科研专项经费。根据财政部、科技部的总体部署，环保公益性行业科研专项紧密围绕《规划纲要》和

《国家环境保护"十一五"科技发展规划》确定的重点领域和优先主题，立足环境管理中的科技需求，积极开展应急性、培育性、基础性科学研究。"十一五"期间，环境保护部组织实施了公益性行业科研专项项目234项，涉及大气、水、生态、土壤、固废、核与辐射等领域，共有包括中央级科研院所、高等院校、地方环保科研单位和企业等几百家单位参与，逐步形成了优势互补、团结协作、良性竞争、共同发展的环保科技"统一战线"。目前，专项取得了重要研究成果，提出了一系列控制污染和改善环境质量技术方案，形成一批环境监测预警和监督管理技术体系，研发出一批与生态环境保护、国际履约、核与辐射安全相关的关键技术，提出了一系列环境标准、指南和技术规范建议，为解决我国环境保护和环境管理中急需的成套技术和政策制定提供了重要的科技支撑。

为广泛共享"十一五"期间环保公益性行业科研专项项目研究成果，及时总结项目组织管理经验，环境保护部科技标准司组织出版"十一五"环保公益性行业科研专项经费项目系列丛书。该丛书汇集了一批专项研究的代表性成果，具有较强的学术性和实用性，可以说是环境领域不可多得的资料文献。丛书的组织出版，在科技管理上也是一次很好的尝试，我们希望通过这一尝试，能够进一步活跃环保科技的学术氛围，促进科技成果的转化与应用，为探索中国环保新道路提供有力的科技支撑。

中华人民共和国环境保护部副部长

吴晓青

2011 年 10 月

前 言

制药行业是容易产生异味甚至出现恶臭扰民问题的主要行业之一。这些异味或恶臭物质主要是制药过程中的生物发酵，化学合成，有机溶剂的运输、贮存、使用和回收，产品提纯干燥及废水处理等工艺过程中的各类VOCs。VOCs主要包括烃类化合物（如芳香烃、烷烃、烯烃等）、含氧有机化合物（如醇类、酮类、有机酸类等）、含氮化合物（如胺类、酰胺类、吲哚类、吡啶等）、含硫化合物（如硫醇类、硫醚类等）和卤代烃等。VOCs不仅刺激人的感觉器官，使人感到不愉快和厌恶，而且大多数VOCs具有毒性，如硫醇类、酚类可直接危害人体的健康，而氯乙烯、芳香烃、多环芳烃、低分子醛类等属于致癌物。

我国对制药行业各个生产环节产生的VOCs的排放和控制技术研究还比较少，尚未形成一整套完整的制药VOCs污染物排放标准体系，监测方法也多参照原有的污染物监测方法。由于制药行业生产工艺复杂，VOCs排放具有产生量大、间歇排放、波动性大、成分复杂等特点，现有的VOCs监测方法已无法满足实际监测的要求。

河北省环境监测中心与河北科技大学合作开展环保部公益性行业科研项目——《制药行业VOCs与恶臭控制技术政策研究》的过程中，总结前人的监测经验，结合自己的实际监测工作，建立了制药行业VOCs与恶臭物质的监测方法体系，并编著了《制药行业VOCs监测技术》，供环境监测人员和制药行业污染物监测技术人员参考，也供高等学校相关专业师生参阅。

本书在全面分析各种制药行业、不同生产环节产生的VOCs的基础上，针对不同VOCs组分介绍了相应的监测方法。监测方法有国家标准和行业标准的以标准方法为主，辅以专著和期刊提出的方法，并结合在实际监测工作的经验进行补充和完善。监测方法涵盖了采样、分析和质量控制（QC）等全过程。分析方法以气相色谱法和气质联机法为主，不适于仪器法的用化学法作为补充。

在本书的编著过程中，邢志贤、王淑娟、郭斌负责书稿的统筹、审定和技术指导；牛利民、郭斌、耿慧负责编著第1章概述；吴伟鹏、邢志贤、王淑娟、宋丽娜负责编著第2章VOCs样品的采集和保存；付翠轻、邢志贤、王淑娟、杨树平负责编著第3章仪器原理与应用；高博、邢志贤、王淑娟、魏亚楠、冯媛、宋文波、宋岚、郭文敏负责编著第4章监测方法概述；李歆琰、邢志贤、郭斌、申英锋负责编著第5章制药VOCs监测质量保证和质量控制（QA/QC）。

限于编著者水平和编著时间，有些分析条件和数据为直接引用，不能保证所有的分析条件都经过充分验证，在此深表歉意，并欢迎读者提出指正。

编著者

2014年1月

目 录

第4章　监测方法概述 /35

第1章

概　述

1.1 制药行业基本情况

　　医药工业是国民经济的重要组成部分,与人民群众的生命健康和生活质量等切身利益密切相关,是全社会关注的热点,同时也是构建社会主义和谐社会的重要内容。改革开放以来,我国已经建成了比较完备的医药工业体系,具备化学原料药、药物制剂、中药、生物制品等各大类药品研发和生产能力,有制药企业4000多家,成为了制药大国。据统计,目前全球原料药约有2000多种,我国可以生产化学原料药近1500种,年总产量达到65.3万吨,居世界第二,出口额占全球原料药贸易额的1/4。可以生产药物制剂34个剂型4000余个品种,其中片剂、胶囊剂、颗粒剂、冻干粉针剂、粉针剂、输液和缓(控)释片七大类化学药物制剂年产量分别达到3061亿片、738亿粒、63亿包(袋)、11亿瓶、105亿瓶、49亿瓶(袋)和17亿片,使我国成为全球最大的药物制剂生产国。据统计,全国制药行业总产值已达到1.5万亿元,比2005年增加8005亿元,年均增长23%,比"十五"提高3.8个百分点。完成工业增加值4688亿元,年均增长15.4%,快于GDP增速和全国工业平均增速。实现利润总额1407亿元,年均增长31.9%,比"十五"提高12.1个百分点,效益增长明显快于产值增长。我国2001~2010年制药行业工业总产值增长情况如图1-1所示。

图 1-1　我国2001~2010年制药行业工业总产值增长情况

　　我国的制药行业除经济总量迅速增长以外,经济结构、技术研发、国际化等方面也在逐步改善。近几年,大型制药企业迅速壮大,产能逐渐向实力雄厚的大企业集中,规模优势逐步体现,销售收入超过100亿元的工业企业由2005年的1家增加到2010年的10家,超过50亿元的企业由2005年的3家达到2010年的17家。技术进步是经济全球化条件下企业生存的必需条件，国家加大了技术进步和技术创新的投入，设立了一系列重大科技专项。在国家的积极引导下，医药企业大幅增加科技投入，国家通过"重大新药创制"等专项，投入近200亿元，带动了大量社会资金投入医药创新领域，通过产学研联盟等方式新建了以企业为主导的50多个国家级技术中心，技术创新能力不断加强。建立了一批企业研发平台，为企业的技术进步打下了良好基础。融入世界医药市场是我国制药行业发展的趋势，我国的抗感染药、维生素等大宗原料药在国际市场上占有重要地位，2010年，出口总额达到397亿美元，"十一五"年均增长23.5%。出口目标地也由南亚和非洲国家开始向欧美医药市场拓展。

1.2 制药企业分布情况

　　从地域分布上看，我国制药企业主要分布在东部沿海的长江三角洲地区、珠江三角洲地区、京津冀鲁辽环渤海地区的浙江、江苏、上海、广东、河北、山东、辽宁、天津等总体发展水平高，具备科研、管理或传统产业优势的省市，其医药经济规模占全国医药经济总量的65.8%。中西部地区利用当地动植物中药材的资源优势，迅速发展中药产业，主要分布在吉林、四川、广西、贵州、江西、云南、重庆、湖南、甘肃、内蒙古以及新疆等省（市、区）。中国主要药厂厂址及产品如表1-1所列。

表1-1　中国主要药厂厂址及产品

药厂名称	厂址	主要产品
哈药集团有限公司	哈尔滨	头孢噻肟钠、头孢唑啉钠、双黄连粉针、青霉素钠原粉及粉针
石家庄制药集团有限公司	石家庄	半合成抗生素、维生素、心脑血管、解热镇痛、消化系统用药、精神药品、麻醉药等系列。青霉素系列和维生素系列是主导产品
上海医药集团有限公司	上海	心血管系统、消化道和新陈代谢、全身性抗感染药及抗肿瘤和免疫调节剂
广州医药集团有限公司	广州	消渴丸、华佗再造丸、夏桑菊颗粒、头孢拉定原料、复方丹参片、板蓝根颗粒、阿莫西林胶囊
天津医药集团有限公司	天津	速效救心丸、血府逐瘀胶囊、吲达帕胺糖衣片等血管类药物、阿德福韦片等抗病毒药物、头孢地尼等抗菌类药物
扬子江药业集团有限公司	江苏	抗生素、消化系统药、循环系统药、抗肿瘤药、解热镇痛药
华北制药集团有限公司	石家庄	青霉素G、青霉素V、普鲁卡因青霉素、苄星青霉素、氨苄西林钠、阿莫西林、头孢氨苄、头孢拉定、头孢噻肟钠、硫酸链霉素、双氢链霉素、林可霉素、庆大霉素、6-APA、7-ADCA、去甲基金霉素、盐酸四环素、土霉素、克林霉素磷酸酯、环孢菌素A
吉林修正药业集团股份有限公司	吉林	斯达舒、修正牌消糜栓、唯达宁喷剂、益气养血口服液
中国同仁堂（集团）有限责任公司	北京	安宫牛黄丸、乌鸡白凤丸、牛黄清心丸、坤宝丸、牛黄解毒片、六味地黄丸、感冒清热颗粒
北京医药集团有限责任公司	北京	大输液系列、0号、糖适平、毓婷、米非司酮、威氏克、气滞胃痛

药厂名称	厂址	主要产品
西安杨森制药有限公司	西安	酮康唑片、托吡酯片、硝酸咪康唑阴道栓、多潘立酮混悬液、曲安奈德益康唑乳膏
东北制药集团有限责任公司	沈阳	东北牌维生素 C 系列产品、维生素 B_1、SD、左卡尼汀、磷霉素钠系列产品、氯霉素、脑复康、星工牌整肠生胶囊
太极集团有限公司	重庆	藿香正气口服液、补肾益寿胶囊、急支糖浆、蕃茄胶囊、紫杉醇
杭州华东医药集团有限责任公司	杭州	百令胶囊、环孢素微乳化制剂口服液、软胶囊、阿卡波糖片
浙江海正药业股份有限公司	浙江	氨磷汀、阿那曲唑、安沙菌素、比卡鲁胺、硫酸博莱霉素
步长制药集团	济南	稳心颗粒、丹红注射液、参仙生脉口服液、得力生注射液等
珠海联邦制药股份有限公司	珠海	甲磺酸帕珠沙星、坎地沙坦酯、头孢西丁钠、注射用亚胺培南、西司他丁钠、盐酸头孢吡肟
齐鲁制药有限公司	山东	头孢菌素、阿米卡星、他唑巴坦钠、瑞白(G-CSF)、欧贝(盐酸昂丹司琼)、巨和粒(白介素-11)、爱络(盐酸爱司络尔)
汇仁(集团)有限公司	南昌	汇仁牌肾宝合剂、乌鸡白凤丸、六味地黄丸、复方鲜竹沥液、生脉饮、藿香正气水、女金胶囊、茸术口服液、阿克他利等
中国生物技术集团	北京	人血白蛋白、静脉注射用人免疫球蛋白、人免疫球蛋白、特异性免疫球蛋白(乙肝、破伤风、狂犬病)等

1.3　制药行业 VOCs 与恶臭气体污染问题及其特点

1.3.1　制药行业 VOCs 与恶臭气体污染问题

制药行业是产生 VOCs 与恶臭气体的主要行业之一，在生物发酵，化学合成，有机溶剂的运输、贮存、使用和回收，产品提纯干燥及废水处理等过程中会产生各类 VOCs 与恶臭等污染物。其中常含有烃类化合物（芳烃、烷烃、烯烃、苯系物）、含氧有机化合物（醇、酮、有机酸等）、含氮化合物（如胺类、酰胺、吲哚类、吡啶）、含硫化合物（如硫化氢、硫醇类、硫醚类）和卤素及衍生物（如氯气、卤代烃）等。研究监测表明，在已发现人们凭嗅觉能感受到的 VOCs 与恶臭物质有 4000 余种，其中制药行业产生涉及上百种以上，这些 VOCs 与恶臭气体物质不仅给人的感觉器官以刺激，使人感到不愉快和厌恶。而且 VOCs 大多具有毒性，例如，硫化氢、硫醇类、酚类可直接危害人体的健康，氯乙烯、苯、多环芳烃、甲醛等属于致癌物。

在制药生产的提取、精制等工序通常需要大量的有机溶剂，且单耗指标较高。如青霉素系列产品，从青霉素工业盐到阿莫西林有机溶剂单耗为 2.73kg/kg 产品；以 GCLE 为母核的头孢原料药产品有机溶剂单耗达到 4.2kg/kg 产品，维生素 B_{12} 仅丙酮单耗就达到 15kg/kg 产品。主要的有机溶剂如乙酸丁酯、二氯甲烷、苯系物等水溶性很差，多以

VOCs形式进入大气环境造成异味和恶臭污染。废水处理设施的恶臭问题也给制药企业带来很大的困扰。如哈药集团总厂、石药集团中润公司和内蒙中润公司、联邦制药成都和临河公司、宁夏启元和多维药业、华北制药集团、鲁抗制药和大同威奇达等企业都曾经或正在面临异味、恶臭扰民问题。

1.3.2 制药行业 VOCs 污染特点

(1) 生产工艺复杂、污染物产生量大

我国制药行业产品种类繁多，生产流程长、工艺复杂，生产一种原料药往往需要10余步反应。使用原材料可多达 30～40 种；原材料投入量大，产出比小，利用率较低，原料总耗可达 10kg/kg 产品以上，有的甚至超过 200kg/kg 产品，其大部分物质最终成为废水、废气和固体废物，产生量大，成分复杂，危害严重。

(2) 间歇排放、波动性大

制药生产多采用间歇式生产方式，污染物也间歇性排放。即污染物在短时间内集中排放，污染物的排放量、浓度、瞬时差异较大，从而加大了处理设施的运行难度，最终造成恶劣的环境影响。

(3) 成分复杂、环境危害大

制药生产产生的污染物浓度高、成分复杂。污染物包括生产过程中使用的原辅材料（包括大量的有机溶剂）、难生化降解的化学合成物质、残留药物成分以及药物降解中间产物。其中许多污染物为恶臭气体，甚至剧毒或致癌物质。

1.4 制药 VOCs 来源分析

按我国于 2008 年制定的《制药工业水污染排放标准》可将制药企业细分为发酵类、化学合成类、提取类、中药类、生物工程类、混装制剂类六类。制药 VOCs 的产生主要来自于有机溶剂的提取，其中发酵类制药用到的有机溶剂相对较多，发酵过程也会释放挥发性有机硫化物。而化学合成类制剂 VOCs 主要来源于化学原料的使用和某些药物中间体，也是 VOCs 产生较多的一类制药。生物制药过程中也用到一定量的有机溶剂，其VOCs 排放也应该值得重视。下面根据制药工业的生产工艺和排污特点，分析一下各类制药行业生产工艺过程产生的主要 VOCs。

1.4.1 发酵类制药行业

发酵类药物是通过微生物发酵的方法产生活性成分，然后经过分离、纯化、精制等得到的一类药物。发酵类药物是从抗生素的生产开始发展起来的,除抗生素外还包括维生素、氨基酸等[1]。发酵类制药的工艺流程及产生 VOCs 的排污节点如图 1-2 所示。对于该类制药,VOCs 主要产生于有机溶剂的使用[2~5],尤其对发酵之后的产品进行分离提纯的过程中产生的 VOCs 较多,该工艺使用的有机溶剂列于表 1-2。而在发酵阶段还容易产生甲硫醇、甲硫醚等恶臭气体。

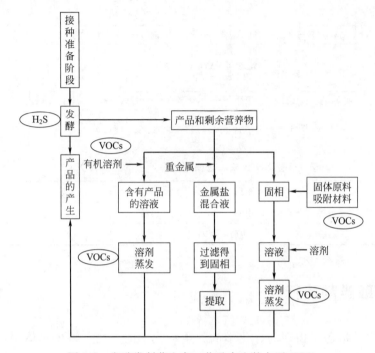

图 1-2 发酵类制药生产工艺及产生的主要 VOCs

表 1-2 发酵类制药工艺使用的及产生的主要 VOCs

甲醇	乙醇	丁醇	戊醇	乙酸乙酯	醋酸丁酯
氯仿	氯苯	二乙胺	三乙胺	正己烷	正庚烷

1.4.2 化学合成类制药行业

化学合成类药物一般是指采用生物、化学方法制造的具有预防、治疗和调节机体功能及诊断作用的化学物质。

化学合成类药物的生产工艺及排污节点如图 1-3 所示,主要以化学原料为起始反应物,通过化学合成生成药物中间体,再对药物中间体结构进行改造和修饰,得到目的产物,然后经脱保护、精制和干燥等工序得到最终产品。所以,相比于其他类制药行业,VOCs 的产生除了提取过程使用的溶剂外,主要还来自于一些化学原料和化学反应的药物中间体[6~10],因此,化学类制药行业产生的 VOCs 成分更复杂,是治理和控制的难点。表 1-3 列出了化学合成类药物产生的 VOCs，对于生产不同的化学合成类药物，由于原料和生产过程的不同，产生的 VOCs 也有很大差别。对于化学合成类药物产生 VOCs 的控制的关键是对生产工艺过程中产生的 VOCs 的成分分析，进而合理地选择控制技术。

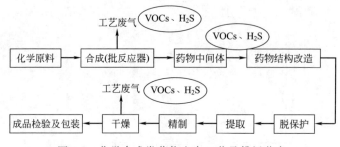

图 1-3　化学合成类药物生产工艺及排污节点

表 1-3　化学合成工艺使用的及产生的主要 VOCs

苯胺	甲醛	苯酚	丁醛	甲苯	二甲苯
异丙醇	正庚烷	甲醇	正丙醇	氯苯	苯
甲胺	三乙胺	二甲胺	氯仿	丙酮	环己胺

1.4.3　提取类制药行业

提取类药物是指运用物理的、化学的、生物化学的方法，将生物体中起重要生理作用的各种基本物质经过提取、分离、纯化等手段制造出的药物。概括地讲，提取类药物主要包括传统意义上的不经过化学修饰或人工合成的生化药物和以植物提取为主的天然药物，此外，还有近几年新发展的海洋提取药物。

提取类药物生产工艺及排污节点如图 1-4 所示。

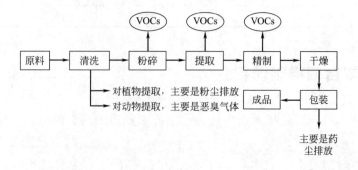

图 1-4　提取类药物生产工艺及排污节点

由图 1-4 可以看出，提取类制药企业废气中的 VOCs 主要来源于生产工艺中使用的有机溶剂[11~13]，常用的有机溶剂为乙醇、丙酮。为了实现经济利益最大化和资源的充分有效利用，企业对这些有机物均设有回收利用设施，溶剂回收率的高低直接影响废气中挥发性有机物的含量。

提取类制药工艺使用及产生的主要 VOCs 见表 1-4。

表 1-4 提取类制药工艺使用及产生的主要 VOCs

二乙醚	二乙胺	苯酚	石脑油	甲醇
乙醇	甲苯	二氯甲烷	乙酸乙酯	二乙胺
丙酮	异丙醇	二氯甲烷	二氯乙烷	氯仿

1.4.4 生物工程类制药行业

我国生物工程制药行业属于新兴行业,经过政府的大力支持和扶植,我国生物技术产业已具规模,生物工程类制药包括基因工程药物、基因工程疫苗和克隆抗体等。

生物制药产生的大气污染物主要来自溶剂使用,主要产生点在于瓶子洗涤、溶剂提取、多肽合成仪等的排风以及实验室的排气、制剂过程中的药尘等[14~16]。其中,生物制药企业的臭气主要来自于动物房和发酵过程的异味,制药过程中有机溶剂(如挥发性甲苯类溶剂)的使用也会产生异味。对于生物工程类制药行业,主要的 VOCs 可能包括乙腈、三氯乙酸、N,N-二甲基甲酰胺、正己烷、甲醇、苯酚、丁酮、正丙醇、异丙醇、4-甲基-2-戊酮、正戊醇、异丙醚、异丁醛、乙酸等。生物制药 VOCs 的污染也主要来自于溶剂的使用,所以对于制药行业来说,对 VOCs 的回收和重复利用是很重要的,不仅能降低 VOCs 对大气的污染,而且节省了成本。

生物工程制药使用的主要有机溶剂见表 1-5。

表 1-5 生物工程制药使用的主要有机溶剂

名称	生产工艺	主要有机溶剂
组织纤溶酶原激活剂	基因培养	乙醇胺
疫苗	基因培养	甲酸、甲醛
抗 HBsAg	克隆	丙酮、乙醇胺
重组人尿激酶原	基因培养	乙醇
细胞苗、鸡胚苗、灭活苗	基因培养	甲醛、丙二醇
抗毒素	基因培养	甲醛
细菌疫苗	基因培养	乙醇、丙酮
乙肝疫苗	基因培养	甲醛
人血蛋白制剂	生化提取、培养	乙醇
白细胞介素	基因培养	乙腈、乙酸

1.4.5 中药类制药行业

中药类制药行业是指以药用植物和药用动物为主要原料,按照国家药典,生产中药饮片和中成药各种剂型产品的制药工业企业。中药饮片产生的废气主要是切制等工序产生的药物粉尘和炮制过程中产生的药烟，产生的 VOCs 比较少；中成药以天然动植物为主要原料，生产工艺大致分为几步，如图 1-5 所示。

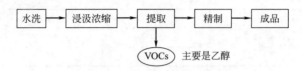

图 1-5　中成药生产工艺

中成药产生的废气主要为二氧化硫、烟尘和粉尘，主要来自某些提取工段因煎煮而产生的锅炉烟气，药材粉碎等工序产生的药物粉尘，VOCs 的污染不大，主要来自提取阶段使用的有机溶剂（主要是乙醇）[17,18]。

1.4.6　混凝制剂类制药行业

混凝制剂类生产工艺如图 1-6 所示。

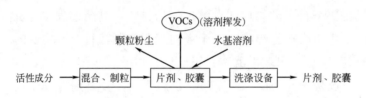

图 1-6　混凝制剂类生产工艺

混装制剂类制药是指用药物活性成分和辅料通过混合、加工和配制，形成各种剂型药物的过程，目前中国能生产的化学药品制剂约有 34 个剂型 4000 余个品种。据统计，2005 年中国 5 大类制剂（片剂、胶囊、水针、粉针、输液）年产量分别达到 3280 亿片、756 亿粒、280 亿支、105 亿支、65 亿瓶。固体制剂类制药企业生产过程中排放的废气主要污染物为颗粒物[19,20]。注射类制剂药物废气污染源仅为无菌分装粉针剂，生产过程中粉针分装工序产生的粉尘。

综合以上六类制药行业，制药行业产生的 VOCs 种类很多，主要包括醇类、醚类、有机酸类、酯类、醛类、酮类、烷烃类、芳香烃类、卤代烃、烷基胺类、醇胺类、苯胺类、苯酚类、腈类、硫醇类和硫醚类及其他，详见表 1-6。

表 1-6　制药 VOCs 清单

类别	物质名称						
醇类	甲醇	乙醇	正丙醇	异丙醇	丁醇	戊醇	丙二醇
醚类	二乙醚						
有机酸类	甲酸	乙酸					
酯类	乙酸乙酯	乙酸丁酯					

续表

类别	物质名称					
醛类	甲醛	乙醛	丙烯醛	丁醛		
酮类	丙酮					
烷烃类	正己烷	正庚烷				
芳香烃类	苯	甲苯	二甲苯			
卤代烃类	二氯甲烷	氯仿	二氯乙烷	氯苯		
烷基胺类	甲胺	二甲胺	二乙胺	三乙胺	环己胺	
醇胺类	乙醇胺					
苯胺类	苯胺					
苯酚类	苯酚					
腈类	乙腈					
硫醇和硫醚类	甲硫醇	甲硫醚	二甲二硫			
其他	石脑油					

1.5　VOCs 制药行业监测方法体系建设势在必行

目前国内对制药废水的研究比较多，其处理工艺也比较成熟。为加强对制药企业的环境管理，降低排污强度，国家环保总局从 2003 年启动制药工业水污染物排放标准制订工作，在综合分析国内外制药工业生产工艺、排污特点的基础上，结合我国医药产业的特点和环境管理的需要，确定了由六个单行标准组成的制药工业水污染物排放标准。

然而，我国对制药行业各个生产环节产生的废气尤其是 VOCs 的排放和控制技术研究还比较少，尚未形成一整套完整的 VOCs 污染排放标准体系和监测方法体系。目前，我国制药工业车间大气污染物排放执行《大气污染物综合排放标准》（GB16297—1996）的有关规定，监测方法也多参照固有的监测方法。由于制药企业在生产药物和废水进行生化处理的过程中会产生大量的恶臭气体和其他挥发性的有机化合物。成分比较复杂，且变化较大。现有排放标准和相应的监测方法对制药工业 VOCs 的污染控制也缺乏针对性。

河北科技大学正着手制定相关标准，我们在总结前人经验的基础上，结合自己的实际监测工作，编写了相应的监测方法体系。

参 考 文 献

[1]　工业和信息化部 . 医药工业"十二五"发展规划 . 2012.

[2]　国家发展和改革委员会 . 中华人民共和国国民经济和社会发展第十二个五年规划纲要 . 北京：人民出版社，2011.

[3]　国家发展和改革委员会 . 促进产业结构调整暂行规定（2005 年本）. 国发［2005］40 号 .

［4］ 国家发展和改革委员会．产业结构调整指导目录（2011 年本）．

［5］ 国家发展和改革委员会．外商投资产业目录（2011 年修订）．

［6］ 卫生部．药品生产质量管理规范（2010 年修订）（GMP）．北京：中国医药科技出版社，2011.

［7］ 卫生部．中华人民共和国药典（2010 年版）．北京：中国医药科技出版社，2011.

［8］ 环境保护部．发酵类制药工业水污染物排放标准（GB 21903—2008）．北京：中国环境科学出版社，2008.

［9］ 环境保护部．化学合成类制药工业水污染物排放标准（GB 21904—2008）．北京：中国环境科学出版社，2008.

［10］ 环境保护部．中药类制药工业水污染物排放标准（GB 21905—2008）．北京：中国环境科学出版社，2008.

［11］ 环境保护部．提取类制药工业水污染物排放标准（GB 21906—2008）．北京：中国环境科学出版社，2008.

［12］ 环境保护部．生物工程类制药工业水污染物排放标准（GB 21907—2008）．北京：中国环境科学出版社，2008.

［13］ 环境保护部．混装制剂类制药工业水污染物排放标准（GB 21908—2008）．北京：中国环境科学出版社，2008.

［14］ 环境保护部．污水综合排放标准（GB 8978—1996）．北京：中国环境科学出版社，1997.

［15］ 盛贻林．微生物发酵制药技术．北京：中国农业大学出版社，2008.

［16］ 应喜平，张浩．青霉素 V 发酵工艺探讨．中国医药工业杂志，2001，(1-12)：203-204.

［17］ 徐万祥．维生素发酵．工业微生物，1981，(4)：15-19.

［18］ 邓毛程主编．氨基酸发酵生产技术．北京：中国轻工业出版社，2007.

［19］ 于泳．制药发酵工艺技术分析．健康必读（下旬刊），2011，(1)．

［20］ 余中心，胡明选．甲酸合成方法的进展．精细化工中间体，1985，(3)：47-52.

［21］ 崔炳春，崔卫星，于景民，刘玉霞，段聪．含硫化氢典型恶臭气体处理技术及发展趋势．化工进展，2010，(S1)：366-369.

［22］ 高亮，吕艳春．阿莫西林合成路线的研究．黑龙江医药杂志，2000，(1-6)：83-85.

［23］ 陈清奇，杨定乔，陈新主编．新药化学全合成路线手册 2007-2010. 北京：科学出版社，2011.

［24］ Jan Schuberth. Volatile Organic Compounds Determined in Pharmaceutical Products by Full Evaporation Technique and Capillary Gas Chromatography/Ion-Trap Detecti0on. Analytical chemistry，1996，68，1317-1320.

［25］ 孟琳，郑雪凌，田景振．胡黄连提取工艺的研究．中国生化药物杂志，2012，(3)：280-282.

［26］ 宋晓凯，吴立军．天然药物化学．北京：化学工业出版社，2004，8.

［27］ 李良铸，李明华，等．最新生化药物制备技术．北京：中国医药科技出版社，2005，2.

［28］ 万林，王浩，胡庆年．医化行业挥发性有机废气（VOCs）排放特征及防治对策．中国环境管理，2011，(4)：64-69.

［29］ 江梅，张国宁，邹兰，魏玉霞，张明慧．有机溶剂使用行业 VOCs 排放控制标准体系的构建．环境工程技术学报，2011，(3)：221-225.

［30］ 王丽红主编．天然药物生物工程．哈尔滨：黑龙江教育出版社，2010.

［31］ 黄泰康．中药制药工业的现状及发展方向．中成药，1996，18 (6)：43-45.

［32］ 全国医药技校教材建设委员会．中药炮制学．北京：中医古籍出版社，2000，1.

［33］ 邢书彬，修光利，陈艳卿．混装制剂类制药行业污染特征与控制标准研究．环境科学与管理，2009，(10)：8-13.

［34］ 王效山，夏伦祝主编．制药工业三废处理技术．北京：化学工业出版社，2010.

第2章

VOCs样品的采集和保存

正确的样品采集和保存方法对获得可靠的分析结果和得出正确的监测结论具有非常重要的作用。环境样品种类多样，其采集和保存方法各有不同的要求，但遵守的基本原则是相同的，及所采集的样品应具有代表性和完整性，没有代表性的样品后续实验室分析再准确，质量保证和质量控制（QA/QC）措施再严格，也难以得出准确的测定结果。气体样品看似均匀，但包含了比较复杂的物相组成，其中总含有各种不同大小粒径的颗粒物，大气样品中的污染物也总是处于气相和颗粒物的动态平衡之中。下面对较常用的气体样品采集方法及其优、缺点做简要叙述，以便为采用合适的采样方法提供参考。

2.1　注射器采样

现场监测中常选用 50mL、100mL 的注射器，采样时先用现场空气或废气抽洗 3~5 次，然后将气体样品直接采集在注射器中，迅速用橡皮帽密封进气口，将注射器进气口朝下，垂直放置。

优点：方法简便、快速、成本低，可在有爆炸危险的现场使用。

缺点：注射器易破碎，器壁对样品有吸附作用，密封性能差，样品采集后存放时间不宜过长，一般要求样品采集后及时送至实验室，当天完成样品分析。

2.2　采样袋采样

采样袋应采用与所采集的气体污染物不起化学反应，不吸附、不渗透、不渗漏的材料制成。采样袋通常使用 50~1000mL 铝箔复合袋、聚乙烯袋、聚氯乙烯袋、聚四氟乙烯袋和聚树脂袋采样。挥发性有机物（VOCs）样品采集通常采用铝箔复合袋或聚四氟乙烯袋。由于采样袋污染影响下一次样品分析是很容易发生的事情，所以采样袋使用后务必立即清洗干净，可先将采样袋排空，再用大注射器、手抽气筒、双连球或自动采样器将气体样品注入袋中，然后排掉以清洗采样袋。当上一次采集的样品接近方法检出限时，一般清洗采样袋 3~5 次；如果上一次采集的是高浓度样品，需要增加清洗次数，一般每次清洗后残留样品的 1%~10%，根据采集的样品的浓度计算最少清洗次数。必要时清洗完毕采集清洁气体实际检测一下。采样前，需现场用样品气体清洗 3 次再采样，采样完毕密封后立即带回实验室分析。

优点：操作方法简便。

缺点：采集后的气袋体积大，不便于运输；气袋不易清洗，尤其是采集过高浓度样品后如清洗不彻底会对实验结果有严重干扰。

2.3 吸附管采样

大量的气体样品通过吸附管，将其中的待测物吸收、吸附或阻留，使低浓度的待测物富集而被采集在吸附管内。吸附管中吸附剂需具备较大比表面积，对气体中多种气态或蒸汽态污染物有较强的吸附能力，吸附作用可分为物理吸附和化学吸附。吸附管采样速度为 $0.1\sim0.5$L/min。吸附管填充物一般为硅胶、活性炭、分子筛、高分子多孔微球等。

优点：可长时间采样，采用适当的固体填充剂对气体、蒸汽和气溶胶都有较高的采样效率，采集在吸附管中的污染物保存时间可延长，吸附管携带方便。

缺点：在采集高浓度气态污染物时，由于吸附管的吸附能力有限，易被穿透。采样体积不易掌握，一旦采样体积不能满足要求需要回现场重新采样。

2.4 采样罐采样

苏码采样罐（SUMMA）系统的原理同真空瓶采样。采样内壁经惰化处理的不锈钢器皿。采样前利用高真空清洗系统，将采样罐加热反复通入经湿化零级空气清洗，湿化目的为利用水气填满罐内的活性位置避免样品吸附与残留，最后将罐内压力抽至 0.05mmHg 以下备用。采样时打开采样罐阀门即可。苏码罐采样系统主要由采样罐、流量控制器、限流阀、不锈钢真空压力表、颗粒过滤装置、SUMMA 罐加热装置、苏玛罐清洗系统等部件组成，一般常见有 1.8L、2L、3L、6L，目前已广泛应用于空气中的挥发性有机物的监测分析。

优点：操作简便，能较好地保持样品的完整性，不需使用辅助设备，可重复分析样品、样品储存稳定性佳，分析结果准确度何精密度都较高。

缺点：体积大，携带不方便是采样罐的最大缺陷，此外，高沸点（沸点＞240℃）或极性较大的化合物容易被罐壁吸附。

本节只对挥发性有机物样品采集方法进行简单综述，详细步骤见具体分析方法的样品采集要求部分。

参 考 文 献

[1] 国家环境保护总局. 空气和废气监测分析方法（第四版）. 北京：中国环境科学出版社，2007.

［2］　《空气和废气监测分析方法（第四版）》编委会．空气和废气监测分析方法指南．北京：中国环境科学出版社，2006.

［3］　许行义．气相色谱在环境监测中的应用．北京：化学工业出版社，2011.

［4］　田厚军，杨广．挥发性有机化合物（VOCs）采样方法的研究进展．华东昆虫学报，2008，17（2）：136-142.

［5］　陆思华，邵敏，王鸣．《城市大气挥发性有机化合物（VOCs）测量技术》．北京：中国环境科学出版社，2012.

［6］　房云阁．室内空气质量检测实用技术．北京：中国计量出版社，2007.

［7］　Harold J. Rafson. Odor and VOC control handbook. McGraw-Hill Professional Publishing，1998.

［8］　G B Leslie，F W Lunau. Indoor Air Pollution. Cambridge University Press，2011.

［9］　张兰英，饶竹，刘娜．环境样品前处理技术．北京：清华大学出版社，2008.

［10］　王正萍．大气中半挥发性有机污染物的监测研究进展．环境监测管理与技术，2003，15（4）：13-16.

［11］　Ivan L G，Christopher J S. Ambient air levels of volatile organic compounds in Latin American and Asian cities. Chemosphere，1998，36（11）：2497-2506.

［12］　Elson Derek. Smog Alert—Managing Urban Air Quality. Earthscan Publication Ltd. ，1996.50-100.

［13］　Christensen C S，Shov H，Palmgren F. C5－C8 nonmethane hydrocarbon measurements in Copenhagen：Concentrations，sources and emission estimates. Science of the Total Environment，1999，5：163-171.

［14］　Ferrai C P，Kaluzny P，Roche A，et al. Aromatic Hydrocarbons and Aldehydes in the Atmosphere of Grenoble. France Chemosphere，1998，37（8）：1587-1601.

［15］　王跃思．北京大气中可形成气溶胶的有机物——现状及变化规律的初步研究．气候与环境研究，2000，5（1）：13-19.

［16］　John H Seinfeld，Spyros N Pandis. Atmospheric chemistry and physics. Wiley Interscience Publication，1997.86-87.

［17］　Wang Yuesi，Zhou Li，Wang Mingxing. Trend of Atmospheric Methane in Beijing. Chemosphere Global Change Science，2001，3：65-71.

［18］　陈洪伟，李攻科，李核，等．大气环境中挥发性有机物的测定．色谱，2001，19（6）：15-21.

［19］　王跃思，王明星，刘广仁，等．大气中痕量有机物的GC/MS分析与研究．质谱学报，1996，17（4）：25-33.

［20］　陈清美，王跃思，大气中痕量烯烃的观测和分析，中国环境科学，2002，22（5）：442-446.

［21］　徐新，王跃思，孙扬，等．北京大气中BTEX的观测分析与研究．环境科学，2004，25（3）：14-19.

［22］　修天阳，王跃思，徐新，等．北京大气中CFC211的浓度观测与变化趋势研究．环境科学，2005，26（1）：1-6.

［23］　洪钟祥.325米气象塔．北京：科学出版社，1983.

［24］　Li Jiaxi，Wang Junzhi，Li Hong，et al. The production and release of CFCs from coal combustion. Acta Geologica Sinica，2003，77（1）：81-85.

［25］　孙扬，王跃思，刘广仁．改进GC/ECD法连续测定大气中的CFC.环境污染治理技术与设备，2004，5（8）：87-93.

第 3 章

仪器原理与应用

3.1　气质联机

GC-MS 是将 GC 和 MS 通过接口连接起来，是一种高效的分析技术，利用气相色谱的分离能力让混合物中的组分分离，并用质谱鉴定分离出来的组分以及精确定量。

虽然监测目的目标化合物只有三十多种，但是制药行业挥发性有机污染物非常多，同一保留时间可能会存在几种物质，气相色谱法只靠保留时间定性，有时会出现定性错误。气质联机通过特征离子和保留时间结合的方式定性，准确性会大大提高，甚至有些低于基线（全扫描时）的峰也可以通过解卷积（AMDIS）自动识别。

3.1.1　基本原理

气质联机法的基本原理是利用气相色谱的分离能力将有机物分离，然后有机物样品进入质谱，在离子源中发生电离，生成不同质荷比的带正电荷离子，经加速电场的作用形成离子束，进入质量分析器，在其中再利用电场和磁场使其发生色散、聚焦，获得质谱图，从而确定不同离子的质量，通过解析，可获得有机化合物的分子式。

3.1.2　优缺点及适用范围

质谱法具有高效、快速的分析能力，高灵敏度（$10^{-18} \sim 10^{-12}$ g），定性专一，高选择性，集反应、分离、鉴定于一身，是一种有效的定性、定量手段。但是质谱检测器对混合物的检测毫无办法，结构鉴定需要样品纯度高。GC-MS 联用可以优势互补，GC 作为 MS 的进样器，可以纯化样品，减少污染，MS 作为 GC 的检测器，定性专一。

3.1.3　气质联机常见品牌

目前常见的气质联机生产厂家主要有日本岛津企业管理有限公司（Shimadzu Corporation）、安捷伦科技有限公司（Agilent Technologies Corporation）、美国赛默飞世尔科技公司（Thermo Fisher Scientific Corporation）、美国珀金埃尔默有限责任公司（Perkin Elmer Corporation，PE）等，其主流产品型号和指标见表 3-1。

表 3-1　主要气质联机生产厂家及其主流产品型号和指标

生产厂家	岛津	安捷伦	赛默飞	PE
型号	2010ultra	7890B/5977A	trace ISQ	PE680
传输线温度	最高 350℃	最高 350℃	最高 350℃	最高 350℃

续表

生产厂家	岛津	安捷伦	赛默飞	PE
质量分析器	钼合金	石英镀金	钼合金	钼合金
预四极杆	有	无,采用 T-K 透镜	有	有
质量范围	1.5～1090amu	1.6～1050amu	1.0～1050amu	1.0～1200amu
最大扫描速率	20000amu/sec	20000amu/sec	11111amu/sec	12500amu/sec
分辨率	单位质量分辨率	单位质量分辨率	单位质量分辨率	单位质量分辨率
线性范围	10^6(数模转换器)	10^6(数模转换器)	10^9(分二段拟合,一次也是 10^6)	10^7(数模转换器)
检测器	±10kV 打拿电子倍增器	三重离轴检测器:±10kV 高能打拿极和电子倍增管	离散型电子倍增器和静电计	光电倍增器
质量轴稳定性	48h 变化±0.10amu	48h 变化±0.1amu	24h 变化±0.1amu	24h 变化±0.1amu
EI 灵敏度	SCAN:八氟萘 1pg S/N>500	SCAN:八氟萘 1pg S/N>1500	SCAN:八氟萘 1pg S/N>450	SCAN:八氟萘 1pg S/N>800
灯丝	双灯丝	双灯丝	单灯丝	单灯丝
离子化电压	10～200eV	5～240eV	0～150eV	10～100eV
离子化电流	10～250μA	7～315μA	最大 850μA	
离子源加热	140～300℃	最高 350℃	125～300℃	最高 350℃
真空系统	200/200L/s 分子涡轮泵	70L/s,255L/s 分子涡轮泵	70L/s,250L/s 分子涡轮泵	250L/s 分子涡轮泵
选择离子模式	64 组,每组最多 128 个离子	100 组,每组最多 60 个离子	100 组,每组最多 24 个离子	32 组,每组最多 32 个离子

3.2 气相色谱

气相色谱是一种常用的分析技术,对含有未知组分的样品,首先将其分离,然后再对有关组分进行进一步的分析。混合物中各组分的分离性质在一定条件下是不变的。因此,一旦确定了分离条件,就可用来对样品组分进行定性定量分析。

3.2.1 气相色谱基本原理

气相色谱主要是利用物质的沸点、极性及吸附性质的差异来实现混合物的分离。待分析样品在汽化室汽化后被惰性气体(即载气,也叫流动相)带入色谱柱,柱内含有液体或固体固定相,由于样品中各组分的沸点、极性或吸附性能不同,每种组分都倾向于在流动相和固定相之间形成分配或吸附平衡。但由于载气是流动的,这种平衡实际上很难建立起来。也正是由于载气的流动,使样品组分在运动中进行反复多次的分配或吸附/解吸，结果是在载气中分配浓度大的组分先流出色谱柱，而在固定相中分配浓度大的组分后流出。当组分流出色谱柱后，立即进入检测器。检测器能够将样品组分的存在与否转变为电信号，而电信号的大小与被测组分的量或浓度成比例。当将这些信号放大并记录下来时，就是色谱图，它包含了色谱的全部原始信息。在没有组分流出时，色谱图的记录是检测器的本底信号，即色谱图的基线。

3.2.2 气相色谱结构

气相色谱仪主要包括：载气系统、进样系统、分离系统、温控系统和检测系统五部分。如图 3-1 所示。

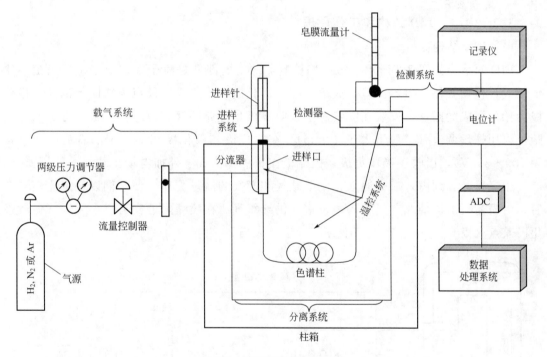

图 3-1　气相色谱仪主体结构

载气由压缩气体钢瓶供给，经减压阀、稳压阀控制压强和流速，由压强计指示气体压强，然后进入检测器热导池的参考臂，继而进入色谱柱，最后通过热导池、流量计而放入大气。

进样系统包括进样装置和汽化室。进样通常用微量注射器和进样阀将样品引入。液体样品引入后需要瞬间汽化，汽化在汽化室进行。

分离系统由色谱柱组成，它是色谱仪的核心部件，其作用是分离样品。色谱柱主要有填充柱和毛细管柱两类。

在气相色谱测定中，温度是重要的指标，它直接影响色谱柱的选择分离、检测器的灵敏度和稳定性。控制温度主要是指对色谱柱炉、气化室、检测器三部分的温度控制。

色谱柱的温度控制方式有恒温和程序升温两种。

检测和数据处理系统是指样品经色谱柱分离后，各成分按保留时间不同，顺序地随载气进入检测器检测，把进入的组分按时间和浓度的变化转化成易于测量的电信号，经过必要的放大传递给计算机，最后得到该混合样品的色谱流出曲线及定性、定量信息。

测量 VOC 常用的检测器有氢火焰离子化检测器（FID）、电子捕获检测器（ECD）、火焰光度检测器（FPD）和光离子化检测器（PID）。

3.2.2.1 氢火焰离子化检测器（FID）

氢火焰离子化检测器（FID）是气相色谱检测器中使用最广泛的一种，是典型的破坏型质量型检测器。

3.2.2.1.1 FID 结构和工作原理

（1）FID 结构

FID 的结构如图 3-2 所示。氢火焰检测器的主要部件是离子室。离子室一般由不锈钢制成，包括气体入口、出口、火焰喷嘴、极化极和收集极以及点火线圈等部件。极化极为铂丝做成的圆环，安装在喷嘴之上。收集极是金属圆筒，位于极化极上方。两极间距可以用螺丝调节（一般不大于 10mm）。在收集极和极化极间加一定的直流电压（常用 150～300V），以收集极作负极、极化极作正极，构成一外加电场。载气一般用氮气、燃气用氢气，分别由入口处通入，调节载气和燃气的流量配比，使它们以一定比例混合后，由喷嘴喷出。助燃空气进入离子室，供给氧气。在喷嘴附近安有点火装置（一般极化极兼点火极），点火后在喷嘴上方即产生氢火焰。

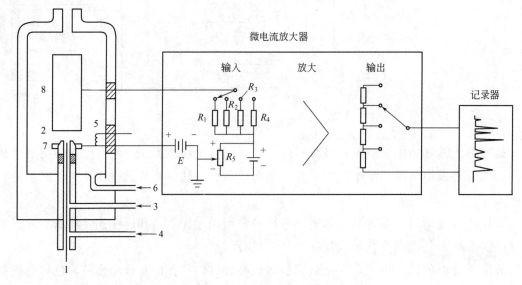

图 3-2　FID 结构示意

1—毛细管柱；2—喷嘴；3—氢气入口；4—尾吹气入口；5—点火灯丝；

6—空气入口；7—极化极；8—收集极

（2）FID 工作原理

当仅有载气从毛细管柱后流出，进入检测器，载气中的有机杂质和流失的固定液在氢火焰（2100℃）中发生化学电离（载气 N_2 本身不会被电离），生成正、负离子和电子。在电场作用下，正离子移向收集极（负极），负离子和电子移向极化极（正极），形成微电流，流经输入电阻 R_1 时，在其两端产生电压降 E。它经微电流放大器放大后，在记录仪上便记录下一信号，称为基流。只要载气流速、柱温等条件不变，该基流亦不变。实际过程中，总是希望基流越小越好。但是，基流总是存在的，因此，通常通道调节 R_5 上的反方向的补差电压来使流经输入电阻的基流降至"0"，这就是所谓的"基流补偿"。一般在进样前均要使用基线补偿，将记录器上的基线调至零。进样后，载气和分离后的组分一起从柱后流出，氢火焰中增加了组分被电离后产生的正、负离子和电子，在高压电场的定向作用下，形成离子流，微弱的离子流（$10^{-12} \sim 10^{-18}$ A）经过高阻（$10^6 \sim 10^{11}$ Ω）放大，成为与进入火焰的有机化合物量成正比的电信号。

3.2.2.1.2　性能特征

FID 的特点是灵敏度高，比 TCD 的灵敏度高约 10^3 倍；检出限低，可达 10^{-12} g/s；线性范围宽，可达 10^7；FID 结构简单，死体积一般小于 1μL，响应时间快，为 1ms，既可以与填充柱联用，也可以直接与毛细管柱联用；FID 对能在火焰中燃烧电离的有机化合物都有响应，可以直接进行定量分析，是目前应用最为广泛的气相色谱检测器之一。FID 的主要缺点是不能检测永久性气体、水、一氧化碳、二氧化碳、氮的氧化物、硫化氢等物质，信号受化合物结构的影响较大，带有杂原子（如 O、S 和卤素）的化合物信号很低。

3.2.2.1.3　检测条件的选择

FID 可选择的主要参数有：载气种类和载气流速；氢气和空气的流速；柱、气化室和检测室的温度；极化电压；电极形状和距离等。

（1）气体种类、流速和纯度

① 载气　载气将被测组分带入 FID，同时又是氢火焰的稀释剂。N_2、Ar、H_2、He 均可作 FID 的载气。N_2、Ar 作载气时 FID 灵敏度高、线性范围宽。因 N_2 价格较 Ar 低，所以通常用 N_2 作载气。

载气流速通常根据柱分离的要求进行调节。适当增大载气流速会降低检测限，从最佳线性和线性范围考虑，载气流速以低些较好。

② 氮氢比　氮稀释氢焰的灵敏度高于纯氢焰。在要求高灵敏度，如痕量分析时，调节氮氢比在 1∶1 左右往往能得到响应值的最大值。如果是常量组分的质量检验，增大氢气流速，使氮氢比下降至 $0.43 \sim 0.72$ 范围内，虽然减小了灵敏度，但可使线性和线性范围得到大的改善和提高。

③ 空气流速　空气是氢火焰的助燃气。它为火焰化学反应和电离反应提供必要的氧，同时也起着把 CO_2、H_2O 等燃烧产物带走的吹扫作用。通常空气流速约为氢气流

速的 10 倍。流速过小，供氧量不足，响应值低；流速过大，易使火焰不稳，噪声增大。一般情况下空气流速在 300～500mL/min 范围。

④ 气体纯度　在作常量分析时，载气、氢气和空气纯度在 99.9% 以上即可。但在做痕量分析时，则要求三种气体的纯度相应提高，一般要求达 99.999% 以上，空气中总烃含量应小于 0.1μL/L。钢瓶气源中的杂质，可能造成 FID 噪声、基线漂移、假峰，以及加快色谱柱流失，缩短柱寿命等。

(2) 温度

FID 为质量敏感型检测器，它对温度变化不敏感。但在用填充柱或毛细管柱作程序升温时要特别注意基线漂移，可用双柱进行补偿，或者用仪器配置的自动补偿装置进行"校准"和"补偿"两步骤。

在 FID 中，由于氢气燃烧，产生大量水蒸气。若检测器温度低于 80℃，水蒸气不能以蒸汽状态从检测器排出，冷凝成水，使高阻值的收集极阻值大幅度下降，减小灵敏度，增加噪声。所以，要求 FID 检测器温度必须在 120℃ 以上。

在 FID 中，气化室温度变化时对其性能既无直接影响亦无间接影响，只要能保证试样气化而不分解就行。

(3) 极化电压

极化电压的大小会直接影响检测器的灵敏度。当极化电压较低时，离子化信号随所采用的极化电压的增加而迅速增大。当电压超过一定值时，增加电压对离子化电流的增大没有比较明显的影响。正常操作时，所用极化电压一般为 150～300V。

(4) 电极形状和距离

有机物在氢火焰中的离子化效率很低，因此要求收集极必须具有足够大的表面积，这样可以收集更多的正离子，提高收集效率。收集极的形状多样，有网状、片状、圆筒状等。圆筒状电极的采集效率最高。两极之间距离为 5～7mm 时，往往可以获得较高的灵敏度。另外喷嘴内径小，气体流速大有利于组分的电离，检测器灵敏度高。圆筒状电极的内径一般为 0.2～0.6mm。

3.2.2.2　电子捕获检测器（ECD）

电子捕获检测器（ECD）是一种离子化检测器，它的应用仅次于热导检测器和氢火焰检测器。ECD 是一种具有高选择性、高灵敏度检测器。ECD 仅对那些能捕获电子的化合物，如含有卤素、硫、磷、氧、氮等的物质有响应信号，物质的电负性愈强，检测器的灵敏度愈高，是灵敏度最高的气相色谱检测器。ECD 特别适用于分析多卤化物、多环芳烃、金属离子的有机螯合物，还广泛应用于农药、大气及水质污染的检测，但是 ECD 对无电负性的烃类则不适用。

3.2.2.2.1　ECD 结构和工作原理

(1) 结构

电子捕获检测器（ECD）的结构如图 3-3 所示。

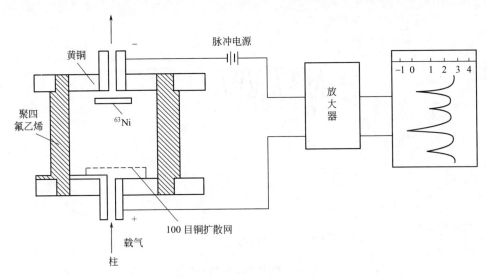

图 3-3　ECD 结构示意

电子捕获检测器的主体是电离室，目前广泛采用的是圆筒状同轴电极结构，阳极是外径约 2mm 的铜管或不锈钢管，金属池体为阴极，离子室内壁装有 β 射线放射源，常用的放射源是 ^{63}Ni，在阴极和阳极间施加一直流或脉冲极化电压，载气用 N_2 或 Ar。

(2) 检测原理

当载气（N_2）从色谱柱流出进入检测器时，放射源放射出的 β 射线，使载气电离，产生正离子及低能量电子：

$$N_2 \xrightarrow{\ \beta\,射线\ } N_2^+ + e$$

这些带电粒子在外电场作用下向两电极定向流动，形成了约为 10^{-8}A 的离子流，即为检测器基流。

当电负性物质 AB 进入离子室时，因为 AB 有较强的电负性，可以捕获低能量的电子，而形成负离子，并释放出能量。电子捕获反应如下：

$$AB + e \longrightarrow AB^- + E$$

式中，E 为反应释放的能量。

电子捕获反应中生成的负离子 AB^- 与载气的正离子 N_2^+ 复合生成中性分子。反应式为：

$$AB^- + N_2^+ \longrightarrow N_2 + AB$$

由于电子捕获和正负离子的复合，使电极间电子数和离子数目减少，致使基流降低，产生的电信号是负峰（见图 3-4），负峰的大小与样品的浓度成正比，这正是 ECD 的定量基础。负峰不便观察，通过极性改变使负峰变为正峰（见图 3-5）。

3.2.2.2.2　性能特征及应用

ECD 是一种灵敏度高，选择性强的检测器。ECD 只对具有电负性的物质，如含 S、

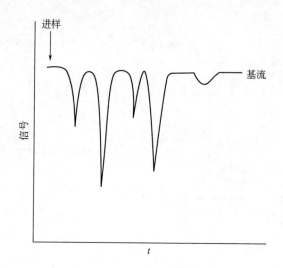

图 3-4　ECD产生的初始色谱

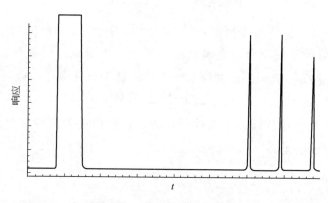

图 3-5　极性改变后的色谱图

P，卤素的化合物、金属有机物及含羰基、硝基、共轭双键的化合物有输出信号，而对电负性很小的化合物，如烃类化合物等，只有很小或没有输出信号。ECD对那些电子系数大的物质检测限可达 $10^{-14} \sim 10^{-12} g$，所以特别适合于分析痕量电负性化合物。ECD的线性范围较窄，仅有 10^4 左右。

3.2.2.2.3　操作条件的选择

(1) 载气和载气流速

ECD一般采用 N_2 作载气，载气必须严格纯化，彻底除去水和氧。

载气流速增加，基流随之增大，N_2 在 100mL/min 在右，基流最大，为了同时获得较好的柱分离效果和较高基流，通常采用在柱与检测器间引入补充的 N_2，以便检测器内 N_2 达到最佳流量。

(2) 检测器的使用温度

当电子捕获检测器采用 ^3H 作放射源时，检测器温度不能高于 $220℃$；当采用 ^{63}Ni 作放射源时，检测器最高使用温度可达 $400℃$。

（3）极化电压

极化电压对基流和响应值都有影响，选择基流等于饱和基流值的 85% 时的极化电压为最佳极化电压。直流供电时，极化电压为 20～40V；脉冲供电时，极化电压为 30～50V。

（4）固定液的选择

为保证 ECD 正常使用，必须严格防止其放射源被污染。因此色谱柱的固定液必须选择低流失、电负性小的，以防止其流失后污染放射源。当然，实际过程中，柱子必须充分老化后才能与 ECD 联用。

（5）安全保障

^{63}Ni 是放射源，必须严格执行放射源使用、存放管理条例。拆卸、清洗应由专业人员进行。尾气必须排放到室外，严禁检测器超温。

3.2.2.3　火焰光度检测器（FPD）

火焰光度检测器（FPD）是一种选择性检测器，它对含硫、磷化合物有高的选择性和灵敏度，适宜于分析含硫、磷的农药及环境分析中监测含微量硫、磷的有机污染物。

3.2.2.3.1　FPD 的结构和工作原理

（1）结构

FPD 由氢焰部分和光度部分构成。氢焰部分包括火焰喷嘴、遮光槽、点火器等。光度部分包括石英窗、滤光片和光电信增管，如图 3-6 所示。

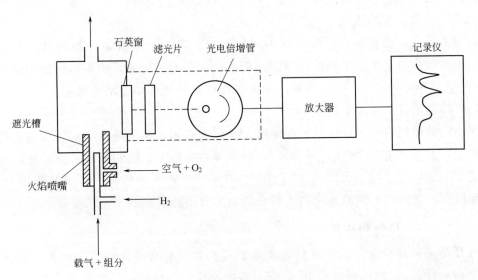

图 3-6　FPD 结构示意

含硫或磷的化合物由载气携带，先与空气（或纯氧）混合后由检测器下部进入喷嘴，在喷嘴周围有 4 个小孔，供给过量的燃气氢气，点燃后产生光亮、稳定的富氢火焰。喷嘴上面的遮光槽可以将火焰本身及烃类物质发出的光挡去，这样可以使火焰更稳定，减少噪声。

(2) FPD检测原理

含硫或磷的有机化合物在富氢火焰中燃烧时，硫、磷被激发而发射出特征波长的光谱。当硫化物进入火焰，形成激发态的 S_2^* 分子，此分子回到基态时发射出特征的蓝紫色光（波长 $350\sim430$nm，最大强度对应的波长为 394nm）；当磷化物进入火焰，形成激发态的 HPO^* 分子，它回到基态时发射出特征的绿色光（波长为 $480\sim560$nm，最大强度对应的波长为 526nm）。这两种特征光的光强度与被测组分的含量均成正比，特征光经滤光片（对 S394nm，对 P526nm）滤光，再由光电倍增管进行光电转换后，产生相应的光电流。经放大器放大后由记录系统记录下相应的色谱图。

3.2.2.3.2 检测条件的选择

硫、磷化合物的检测条件比较接近，实际上硫的检测条件更为苛刻，操作时更应慎重。影响 FPD 响应值的主要因素是气体流速、检测器温度和样品浓度等。

(1) 气体流速的选择

通常 FPD 中用三种气体：空气、氢气和载气。O_2/H_2 比是影响响应值最关键的参数，它决定了火焰的性质和温度，从而影响灵敏度。实际工作中应针对 FPD 型号和被测组分，参照仪器说明书，自己实际测量最佳 O_2/H_2 比。

实验表明，FPD 的载气最好用 H_2，其次是 He，最好不用 N_2。这是因为 H_2 作载气在相当大范围内，响应值随流速增加而增大；而且在用 N_2 作载气时，FPD 对 S 的响应值随流速的增加而减小，但用 H_2 作载气时却不存在这样的情况。因此，最佳载气流速应视具体情况做实验来确定。

(2) 检测器温度的选择

检测器温度对硫和磷的响应值有不同的影响：硫的响应值随检测器温度升高而减小；而磷的响应值基本上不随检测器温度而改变。实际过程中，检测器的使用温度应大于 100℃，目的是防止 H_2 燃烧生成的水蒸气冷凝在检测器中而增大噪声。

(3) 样品浓度的适用范围

在一定的浓度范围内，样品浓度对磷的检测无影响，是呈线性的；而对 S 的检测却密切相关，因为这是非线性的。同时，当被测样品中同时含硫和磷时，测定就会互相干扰。通常 P 的响应干扰不大，而 S 的响应对 P 的响应产生干扰较大，因此使用 FPD 测硫和测磷时，应选用不同滤光片和不同火焰温度来消除彼此的干扰。

3.2.2.3.3 性能和应用

FPD 是一种具有高灵敏度、高选择性的检测器。它对磷的响应为线性，检测限可达 0.9pg/s（P），线性范围大于 10^6；它对硫的响应为非线性，检测限可达 20pg/s（S），线性范围大于 10^5。FPD 现已广泛用于农药中有机磷化合物的分析。

3.2.2.4 光离子化检测器（PID）

光离子化检测器（PID）是一种高灵敏度检测器，它利用光源辐射的紫外光使被测组分电离而产生电信号，其灵敏度比氢火焰离子化检测器高 50～100 倍，是一种非破坏性的浓度检测器，它不会改变待测气体分子，经过 PID 检测的气体仍可被收集做进一步的测定。

3.2.2.4.1 PID 的结构和工作原理

(1) 结构

光离子化检测器主要由紫外光源和电离室两部分组成，其他为辅助部件（见图 3-7）。

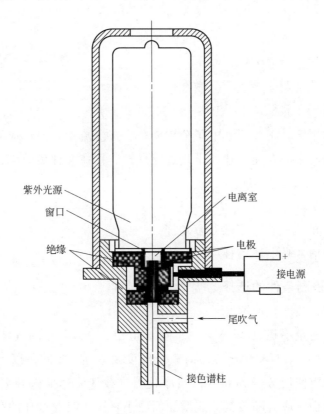

图 3-7 PID 结构示意

紫外光源，它为电离室提供一定能量，是 PID 的关键部件，通常使用的真空紫外无机放电灯，可通过直流高电压（1～2kV）、射频（75～125kV）使其激发放电。灯内充有低压惰性气体氩、氪、氙等，产生远紫外辐射光。灯的一端用 LiF 或 gF_2 晶片密封，称为窗口，紫外光从灯内射出由此晶片进入电离室。

电离室又称样品池，载气和被测样品经过电离室，受紫外光照射，发生光电离。电离室在结构上应有利于组分充分吸收紫外光，并且体积尽量小，以便连接毛细管柱。图 3-7 中电离室体积仅为 $40\mu L$。为接受电离信号，电离室中还安装有两个电极，其中收集极要避免紫外光照射，以减小基流和噪声，通常用铂、金、不锈钢作为电极材料，以保证输出功率高、产生的光电效率低。两电极间施加直流电压，以在电离室内形成电场分布可有效的收集电离产生的微电流。

（2）PID 检测原理

光离子化检测器可使电离电位小于紫外光能量的有机化合物在气相中产生光电离。

通常产生紫外光辐射的光源有氩灯、氪灯和氙灯，它们辐射紫外光的能量分别为 11.7eV、10.2eV 和 8.3～9.5eV。当紫外光射入电离室时，由于载气（氮气、氢气）的电离电位大于紫外光的能量，不会被电离。当电离电位等于或小于紫外光能量的组分（AB）进入电离室时，即发生直接或间接电离。

直接电离 $\quad AB + h\nu \longrightarrow AB^+ + e$

间接电离 $\quad AB + h\nu \longrightarrow AB^* + e$（激发态）   (1)

$\qquad AB^* \longrightarrow AB^+ + e$

$\qquad N_2 + h\nu \longrightarrow N_2^*$ （激发态）   (2)

$\qquad N_2^* + AB \longrightarrow AB^+ + e + N_2$

在外加电场作用下，正离子和电子分别向负、正极流动，而形成微电流，即产生电信号。实际上在电离室除存在上述离子化过程外，还存在 3 种负效应：

a. 电离产生的正离子会与电子产生复合反应；

b. 吸收光能量的激发分子会发生淬灭；

c. 进入电离室的电负性分子会捕获电子。

最后得到的电信号是上述各种反应的总结果。

3.2.2.4.2　检测条件的选择

（1）载气种类、纯度和流速

氩灯紫外光的能量不超过 12eV，因此电离电位大于 12eV 的气体均可作为 PID 的载气，如 He、Ar、H_2、N_2、Air 等。对载气纯度要求达 99.99% 以上，以防止有机杂质产生噪声，通常应使用分子筛和活性炭净化器。载气流速的选择要考虑 PID 为浓度型检测器，其峰面积响应会随载气流速增加而减小，操作时通过柱的载气流速和尾吹气流速应尽量小。当使用大口径毛细管柱或填充柱时可不用尾吹气；当使用内径小于 0.25mm 的毛细管柱连接小池体积（40μL）的 PID 时，可加每分钟数毫升的尾吹气，若连接大池体积（175μL）的 PID 可将尾吹流速增至 10～20mL/min，但随尾吹流速增加其峰高响应会降低。

（2）检测器温度

PID 的温度选择应高于柱温，但 PID 响应值会随温度升高而下降，当用 10.2eV 的氪灯时，PID 使用温度不要超过 100～120℃。

（3）检测器压力

PID 主要用于检测气体样品中的有机物。通常是在常压下进行操作，当用短毛细管柱做快速分析时，常压操作会使峰形变宽且托尾，增加尾吹峰形亦无明显改善，若改用低压下操作，峰形会明显改善，并显著提高分离度，降低压力对 PID 响应值无影响。

3.2.2.4.3　性能和应用

PID 可用来检测大量的含碳有机化合物，包括芳香类、酮类和醛类、胺类、卤代烃类、硫化物类、不饱和烃类、醇类、饱和烃，除了有机物，PID 还可以测量一些不含碳有无机气体，如氨、半导体气体、硫化氢、一氧化氮、溴和碘类等，不能检测的物质包括放射性物质、常见毒气、天然气、酸性气体、氟里昂气体、臭氧、非挥发性气体等。

目前，VOCs 的国家标准测定方法是气相色谱法，色谱法虽然是标准的检测 VOCs 成分和浓度的方法，但该方法涉及采样、分离、检测，标准图谱比对等环节，仪器结构复杂，操作烦琐，监测周期长等不足，针对 VOCs 污染物的特点，科研人员相继发明多种快速便携检测仪器，市场上已提供便携式配有光离子化检测器的气相色谱仪，可用于检测水体、大气和室内环境中的总挥发性有机物的含量。《全国环境监测站建设标准》中应急环境监测仪器配置表 5 中要求各级监测站均要配有 1 台 PID 检测仪，可检测 30 多种挥发性有机化合物。

参 考 文 献

[1]　刘虎威编著. 气相色谱方法及应用（第二版）. 北京：化学工业出版社，2007.

[2]　傅若农，常永福编著. 气相色谱和热分析技术. 北京：国防工业出版社，1989.

第4章

监测方法概述

4.1 VOCs（挥发性有机物）

目前，表征挥发性有机物的概念很多，其中应用较多的有挥发性有机物（VOCs）、总挥发性有机物（TVOC）、总烃及非甲烷总烃。其中总烃及非甲烷总烃表征烃类化合物总量（非甲烷总烃需要扣除甲烷），用气袋或注射器采样，气相色谱（FID）分析，甲烷做标准品；总挥发性有机物（TVOC）源于室内环境监测，吸附管采样，气相色谱（FID）分析，九种挥发性有机物做标准品，其他物质用甲苯定量，求总量；挥发性有机物（VOCs）用吸附管或苏玛罐采样，气质联机分析，EPA TO-14 标准气体逐个定量，不计算总量。我们在开展《制药行业 VOCs 与恶臭控制技术政策研究》研究过程中，制定了制药行业挥发性有机物排放标准，采样、分析和定量方法有所调整，为了与以上挥发性有机物的概念有所区别，以 VOCs 表示。该指标监测方法规定用苏玛罐进行样品采集，EPA TO-14（EPA TO-15 由于组分多，峰型常常不太好，影响定量）标准气体内标法定量，其他组分则采用保留时间最接近的内标按峰面积定量。

4.1.1 方法一 气相色谱法（FID）测定总烃和非甲烷烃

4.1.1.1 监测依据及检出限

①《环境空气 总烃的测定 气相色谱法》HJ 604—2011。当进样体积为 1.0mL 时，方法的检出上限为 0.04mg/m³，测定下限为 0.16mg/m³。

②《空气和废气监测分析方法》第四版增补版。当进样体积为 1.0mL 时，方法的检出限为 0.2mg/m³。

样品采集同《环境空气 总烃的测定 气相色谱法》（HJ 604—2011）。

③《固定污染源排气中非甲烷总烃的测定 气相色谱法》（HJ/T 38—1999）。当进样体积为 1.0mL 时，方法的检出限为 0.04mg/m³，线性范围在 0.12～32mg/m³。

4.1.1.2 样品采集

(1) 采样仪器及设备

① 气相色谱仪（Agilent 7890） 配填充柱进样口和氢火焰离子化检测器（FID），可同时使用两台气相色谱仪分别测定总烃和甲烷，也可配置专用于总烃和甲烷分析的双 FID 气相色谱仪。

② 简易净化空气装置 选用一根 ϕ8mm×400mm 玻璃管，临用前内填充一段已经 600℃通氮气活化处理 1h 的活性炭，玻璃管一端与一段硅橡胶管相连并以止血钳夹死，

另一端则与大气相通。空气除烃装置也可选用商品化专用除烃设备。

③ 玻璃注射器　1mL、5mL、10mL、100mL 若干个。

④ 聚乙烯气体采样袋　1L 若干个。

⑤ 磷酸溶液　$c(H_3PO_4)=3.3mol/L$。

⑥ 甲烷标准气体　购置有证标准样品，浓度按需要而定。

⑦ 丙烷标准气体　购置有证标准样品，浓度按需要而定。

(2) 采样和样品保存

① 采样容器的洗涤

注射器使用前应用磷酸溶液洗涤，然后用水洗净，干燥后备用。

② 样品采集与保存

用 100mL 注射器抽取环境空气样品。在采样前用样品反复抽洗 3 次，然后采集 100mL 样品，用橡皮帽密封，避光保存，应当天分析完毕。

4.1.1.3　方法原理

用气相色谱仪以火焰离子化分别测定空气中总烃及甲烷烃的含量，两者之差即为非甲烷烃的含量。

4.1.1.4　典型气相色谱分析条件

(1) 总烃分析条件

载气：氮气。

进样口温度：70～100℃。

柱流量：40～50mL/min。

柱温：70℃。

填充柱：材质为不锈钢或硬质玻璃，长 1～2m，内径 5mm，内填充或不填充硅烷化玻璃微珠（60～80 目），或其他等效柱。

检测器：FID。

检测器温度：150℃。

燃烧气：氢气，流量约 30mL/min。

助燃气：空气，流量约 300mL/min。

尾吹气：氮气。

进样量：1.0mL。

(2) 甲烷分析条件

载气：氮气。

进样口温度：100～110℃。

柱流量：20mL/min。

柱温：70～80℃。

填充柱：材质为不锈钢或硬质玻璃，长 1～2m，内径 3mm，内填充 GDX-104 高分子多孔微球载体（60～80 目），或其他等效柱。

检测器：FID。

检测器温度：100～110℃。

燃烧气：氢气，流量约 25mL/min。

助燃气：空气，流量约 400mL/min。

尾吹气：氮气。

进样量：1.0mL。

4.1.1.5　典型气相色谱图

典型气相色谱如图 4-1 所示。

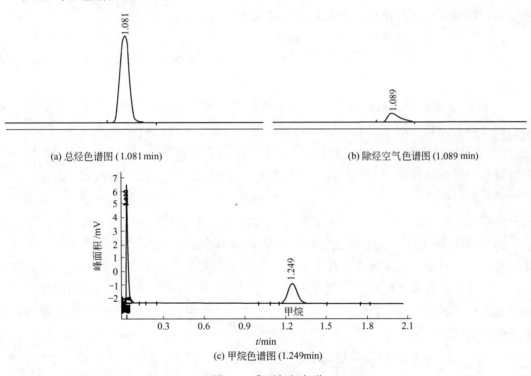

(a) 总烃色谱图（1.081 min）　　　(b) 除烃空气色谱图（1.089 min）

(c) 甲烷色谱图（1.249min）

图 4-1　典型气相色谱

4.1.1.6　分析步骤

（1）标准曲线绘制

标准气体样品：甲烷/氮气（808—2007），216μmol/mol（甲烷浓度换算成以碳计为 116mg/m³），丙烷/氮气（809—2007），230μmol/mol（丙烷浓度换算成以碳计为 370mg/m³）（国家环境保护部标准样品研究所）。

100mL 玻璃注射器，先以高纯氮气抽洗 2～3 次，抽取氮气至 80mL 刻线处，分别准确注入甲烷、丙烷气体各 10mL 至 100mL 刻线，得储备气总烃浓度为 48.6mg/m³

（以下浓度均为以碳计值），甲烷浓度为 11.6mg/m³；然后在另两支 100mL 玻璃注射器中分别取 70mL、90mL 高纯氮气，以储备气样准确稀释到 100mL，得总烃浓度依次为 14.6mg/m³、4.86mg/m³，甲烷浓度依次为 3.48mg/m³、1.16mg/m³。在上述气相色谱条件下，以 1mL 进样器取 1mL 标准气体样品进样分析，每个浓度重复测定 2 次。分别以总烃、甲烷响应值峰面积均值（A）对其浓度（C）绘制标准工作曲线，其线性相关系数 γ 大于 0.9990。

（2）样品测定

将现场采集的气样，在和标准气样测定完全相同的气相色谱条件下进样分析，记录各组分峰面积。

样品气体中含有氧气，由甲烷柱得到的色谱网中，氧气与甲烷峰口可以分开，但由总烃柱得到的总烃峰中包含氧气峰，应在与样品测定相同的条件下，于总烃柱上进除烃空气样，测得氧峰的峰面积，再从总烃响应值中扣除。

（3）注意事项和质量保证（QA）措施

① 环境样品测定时，应遵循"先厂界样品后污染源样品、污染源样品先出口后进口"顺序原则。

② 根据前述非甲烷总烃的定义，总烃分析时若出现多个组分峰，应将所有组分峰面积相加和作为总烃的响应值；气样中非甲烷总烃浓度不再进行标态换算。

③ 总烃分析采用真正的空柱时，会导致 FID 点火困难或分析过程中 FID 容易熄火，适当填充少量玻璃微珠或色谱用担体的总烃柱，也会具有一定的分离效能。因此，在分析组成较复杂的废气样品时，柱恒温时间应根据实际样品的情况保持足够长，以使所有组分全部流出，防止对后面样品分析产生干扰，必要时可插入空白样晶检查。

④ 标准气体及样品气中氧含量是否一致是影响本方法准确度的因素之一。配制以氮气为底气的甲烷、丙烷标准气样系列时，可以高纯氮气作为稀释空气和废气中有机一污染物的监测；高浓度气样经高纯氮气稀释分析时，可采用稀释相同倍数的除烃空气作为空白值予以扣除的方法；配制以空气为底气的标准气样或稀释待测样品气，则可以直接用净化空气。

⑤ 应确保分析中所使用的玻璃注射器气密性足够好，且抽取气体过程中滑动自如。

⑥ 配制在玻璃注射器中的甲烷、丙烷标准气样放置时损失较快，标准气体系列样品应即配即用。

⑦ 氧火焰离子化检测器喷嘴及收集极等需根据所分析样品种类和数量，定期清洗或更换。即使正常操作，在喷嘴内和收集极上也会产生沉积物（通常是由柱流失产生的白色二氧化硅和黑色炭黑），这些沉积物会降低检测器灵敏度并引起色谱噪声和尖峰信号。

⑧ 总烃指在标准 HJ 604—2011 规定条件下，用氢火焰检测器所测得气态烃类化合物及其衍生物的总量，以甲烷计。

⑨ 采样容器的洗涤时，应在注射器使用前应用 3.3mol/L 磷酸溶液洗涤，然后用水洗净，干燥后备用。

⑩ 总烃测定时，当测定结果小于 1mg/m³ 时，保留至小数点后两位；当结果大于 1mg/m³ 时，保留三位有效数字。

⑪ 配置标准气体样品时，应采用高纯氮气作为稀释气，避免空气中的氧气干扰测定。

4.1.2 方法二 气相色谱法（FID）测定 TVOC

TVOC 是衡量建筑物内装饰装修和家具等室内用品，对室内空气质量影响程度的一项重要指标，由于它们种类多，单个组分的浓度低，但是若干个 VOCs 共同存在于室内空气中时，其联合作用是不可忽视的，所以常用 TVOC 表示室内中的挥发性有机化合物总量。该方法对于测定制药挥发性有机物也有很大的参考意义。

4.1.2.1 适用范围

本方法适用于浓度范围为 $0.5\mu g/m^3 \sim 100mg/m^3$ 的空气中的挥发性有机物的测定。对正己烷到正十六烷之间的所有化合物进行分析。

4.1.2.2 监测依据及检出限

《室内空气质量标准》（GB/T 18883—2002）附录 C，检出限为 $0.5\mu g/m^3$。

4.1.2.3 样品采集

(1) 采样仪器及设备
① 采样器

恒流空气个体采样泵，流量范围 0.02~0.5L/min，流量稳定。使用时用皂膜流量计校准采样系统在采样前和采样后的流量。流量误差应小于 5%。

② 吸附管

吸附管是外径 6.3mm、内径 5mm、长 90mm 内壁抛光的不锈钢管，其采样入口一端有标记。吸附管可以装填一种或多种吸附剂，应使吸附层处于解吸仪的加热区。根据吸附剂的密度，吸附管中可装填 200~1000mg 的吸附剂，管的两端用不锈钢网或玻璃纤维毛堵住。

如果在一支吸附管中使用多种吸附剂，吸附剂应按吸附能力增加的顺序排列，并用玻璃纤维毛隔开，吸附能力最弱的装填在吸附管的采样入口端。

③ 吸附剂（Tenax GC 或 Tenax TA）

使用的吸附剂粒径为 0.18~0.25mm（60~80 目），吸附剂在装管前都应在其最高使用温度下，用惰性气流加热活化处理过夜。为了防止二次污染，吸附剂应在清洁空气中冷却至室温，贮存和装管。解吸温度应低于活化温度。由制造商装好的吸附管使用前也需活化处理。

（2）采样和样品保存

将吸附管与采样泵用塑料或硅橡胶管连接。个体采样时，采样管垂直安装在呼吸带；固定位置采样时，选择合适的采样位置。打开采样泵，调节流量，以保证在适当的时间内获得所需的采样体积（1～10L）。如果总样品量超过 1mg，采样体积应相应减少。记录采样开始和结束时的时间、采样流量、温度和大气压力。

采样后将管取下，密封管的两端或将其放入可密封的金属或玻璃管中。样品可保存 14d。

4.1.2.4 样品测定

将吸附管安装在热解吸仪上，加热使有机蒸汽从吸附剂上解析下来，并被载气流带入冷阱，进行预浓缩，载气流的方向与采样时的方向相反。然后，再以低流速快速解析，经传输线进入毛细管气相色谱仪。传输线的温度应足够高，以防止待测成分凝结。

4.1.2.5 典型气质联机分析条件

（1）分析条件一

载气：氦气。

进样口温度：200℃。

分流比：5∶1。

柱流量（恒流模式）：1.2mL/min。

升温程序：初始温度30℃，保持 3.2min，以 11℃/min 升温到 200℃，保持 3min。

毛细管柱：采用 30m×0.25mm×1.4μm 膜厚（6%腈丙基苯、94%二甲基聚硅氧烷固定液）的毛细管柱，也可使用其他等效的毛细管柱。

质谱接口温度：280℃。

质谱 EI 电离源，离子化能量：70eV。

全扫描能在 1s 内从 35amu 扫描至 270amu，具 NIST 谱库及谱库检索等功能。

（2）分析条件二

载气：氦气。

进样口温度：250℃。

不分流进样。

柱流量（恒流模式）：2mL/min。

升温程序：初始温度−50℃，保持 2min，以 8℃/min 升温到 200℃，保持 15min。

毛细管柱：采用 50m×0.32mm×1.0μm 膜厚 HP OV-1 毛细管柱，也可使用其他等效的毛细管柱；质谱接口温度：280℃。

质谱 EI 电离源，离子化能量：70eV。

全扫描能在 1s 内从 35amu 扫描至 300amu，具 NIST 谱库及谱库检索等功能。

4.1.2.6　典型气相色谱图

目标物的总离子流色谱如图 4-2 所示。

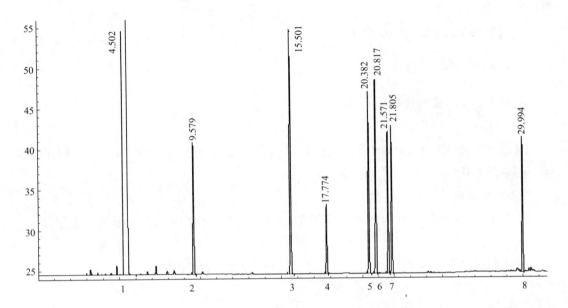

图 4-2　目标物的总离子流色谱图

按出峰顺序分别为：1—苯；2—甲苯；3—乙酸丁酯；4—乙苯；
5—对、间二甲苯；6—邻二甲苯；7—苯乙烯；8—正十二烷

4.1.2.7　注意事项

(1) 实验中所使用的标准物质为易挥发的有毒化合物，其配制过程应在通风橱内进行操作，操作人员应佩戴防护器具。

(2) 新的吸附管需进行老化。采集过高浓度样品后的吸附管则必须进行老化。

(3) 为消除水分的干扰，可根据情况设定分流比。某些品牌的热脱附仪也具有样品分流功能。

(4) 为提高灵敏度，也可将质谱扫描方式设为选择离子扫描方式进行分析。

(5) 吸附管采样时注意其方向性，避免接反方向。

4.1.3　方法三　吸附管采样-热脱附-气相色谱-质谱法测定 VOCs

4.1.3.1　方法适用范围

本方法适用于环境空气中挥发性有机物（VOCs）的测定。

缺点是对标准气体以外的能检出的有机物未规定定量方法。

4.1.3.2 监测依据及检出限

监测依据：HJ 644—2013 环境空气 挥发性有机物的测定 吸附管采样-热脱附-气相色谱-质谱法。

方法检出限：$0.3 \sim 1.0 \mu g/m^3$。

4.1.3.3 样品采集

4.1.3.3.1 采样仪器及设备

① 采样器

双通道无油采样泵，双通道能独立调节流量并能在 $10 \sim 500 mL/min$ 内精确保持流量，流量误差应在 $\pm 5\%$ 内。

② 校准流量计

能在 $10 \sim 500 mL/min$ 内精确测定流量，流量精度 2%。宜采用电子质量流量计。

③ 老化装置

老化装置的最高温度应达到 $400℃$ 以上，最大载气流量至少能达到 $100 mL/min$，流量可调。

④ 吸附剂

Carbopack C（比表面积 $10 m^2/g$），40/60 目；Carbopack B（比表面积 $100 m^2/g$），40/60 目；Carboxen 1000（比表面积 $800 m^2/g$），45/60 目或其他等效吸附剂。

⑤ 吸附管

不锈钢或玻璃材质，内径 6mm，内填装 Carbopack C、Carbopack B、Carboxen 1000，长度分别为 13mm、25mm、13mm。或使用其他具有相同功能的产品。

吸附管应为不锈钢管或玻璃管，管的外径为 6mm，长度可以根据热脱附仪器的要求而定，吸附剂选择的原则如下：

a. 具有软大的比表面积，即具有较大的安全采样体积；

b. 具有较好的疏水性能，对水的吸附能力低；

c. 容易脱附，分析的物质在吸附剂上不发生化学反应。

新填装的采样管使用之时应加热老化 2h 以上，直到无杂质峰产生为止。对使用过的采样管，使用之前加热老化 30min。

4.1.3.3.2 采样前准备及步骤

(1) 吸附管的老化和保存

① 吸附管老化。新购的吸附管或采集高浓度样品后的吸附管需进行老化。老化温度 $350℃$，老化流量 40mL/min，老化时间 $10 \sim 15min$。

② 吸附管保存。吸附管老化后，立即密封两端或放入专用的套管内，外面包裹一层铝箔纸。包裹好的吸附管置于装有活性炭或活性炭硅胶混合物的干燥器内，并将干燥

器放在无有机试剂的冰箱中，4℃保存，可保存 7d。

(2) 采样流量和采样体积

① 采样流量：10～200mL/min。

② 采样体积：2L。当相对湿度大于 90％时，应减小采样体积，但最少不应小于 300mL。

(3) 样品的采集和保存

① 气密性检查：把一根吸附管（与采样所用吸附管同规格，此吸附管只用于气密性检查和预设流量用）连接到采样泵，打开采样泵，堵住吸附管进气端，若流量计流量归零，则采样装置气路连接气密性良好，否则应检查气路气密性。

② 预设采样流量：调节流量到设定值。

③ 将一根新吸附管连接到采样泵上，按吸附管上标明的气流方向进行采样。环境空气样品的采集参照 HJ/T 194 的相关规定执行。在采集样品过程中要注意随时检查调整采样流量，保持流量恒定。采样结束后，记录采样点位、时间、环境温度、大气压、流量和吸附管编号等信息。

④ 样品采集完成后，应迅速取下吸附管，密封吸附管两端或放入专用的套管内，外面包裹一层铝箔纸，运输到实验室进行分析。不能立即分析的样品−4℃存放，7d 内分析。

⑤ 候补吸附管的采集：在吸附管后串联 1 根老化好的吸附管。每批样品应至少采集 1 根候补吸附管，用于监视采样是否穿透。

⑥ 现场空白样品的采集：将吸附管运输到采样现场，打开密封帽或从专用套管中取出，立即密封吸附管两端或放入专用的套管内，外面包裹一层铝箔纸。同已采集样品的吸附管一同存放并带回实验室分析。每次采集样品，都应至少带一个现场空白样品。

温度和风速会对样品采集产生影响。采样时，环境温度应小于 40℃；风速大于 5.6m/s 时，采样时吸附管应与风向垂直放置，并在上风向放置掩体。

4.1.3.4 样品的测定

将采完样的吸附管迅速放入热脱附仪中，按照仪器参考条件进行热脱附，载气流晶吸附管的方向应与采样时气体进入吸附管的方向相反。样品中目标物随脱附气体进入色谱柱进行测定。分析完成后，取下吸附管进行老化和保存，若样品浓度较低，吸附管可不必老化。

(1) 气相色谱分析条件

载气：氦气。

进样口温度：200℃。

分流比：5∶1。

柱流量（恒流模式）：1.2mL/min。

升温程序：初始温度 30℃，保持 3.2min，以 11℃/min 升温到 200℃，保持 3min。

毛细管柱：采用 30m×0.25mm×1.4μm 膜厚（6％腈丙基苯、94％二甲基聚硅氧烷固定液）的毛细管柱，也可使用其他等效的毛细管柱。

质谱接口温度：280℃。

质谱 EI 电离源，离子化能量：70eV。

全扫描能在 1s 内从 35amu 扫描至 270amu，具 NIST 谱库及谱库检索等功能。

（2）典型色谱图

VOCs 总离子流色谱图如图 4-3 所示。

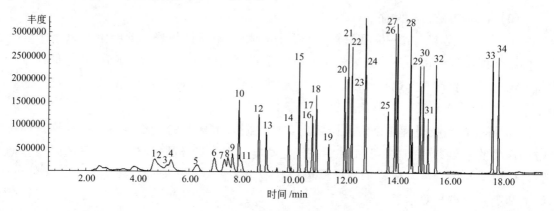

图 4-3　VOCs 总离子流色谱图

1—1,1-二氯乙烯；2—1,1,2-三氯-1,2,2-三氟乙烷；3—氯丙烯；4—二氯甲烷；5—1,1-二氯乙烷；6—反式-1,2-二氯乙烯；7—三氯甲烷；8—1,2-二氯乙烷；9—1,1,1-三氯乙烷；10—四氯甲烷；11—苯；12—三氯乙烯；13—1,2-二氯丙烷；14—反式-1,3-二氯丙烯；15—甲苯；16—顺式-1,3-二氯丙烯；17—1,1,2-三氯乙烷；18—四氯乙烯；19—1,2-二溴乙烷；20—氯苯；21—乙苯；22—间、对-二甲苯；23—邻-二甲苯；24—苯乙烯；25—1,1,2,2-四氯乙烷；26—4-乙基甲苯；27—1,3,5-三甲基；28—1,2,4-三甲基苯；29—1,3-二氯苯；30—1,4-二氯苯；31—苄基氯；32—1,2-二氯苯；33—1,2,4-三氯苯；34—六氯丁二烯

4.1.3.5　注意事项

① 实验中所使用的标准物质为易挥发的有毒化合物，其配制过程应在通风橱内进行操作，操作人员应佩戴防护器具。

② 新的吸附管需进行老化。采集过高浓度样品后的吸附管则必须进行老化。

③ 为消除水分的干扰，可根据情况设定分流比。某些品牌的热脱附仪也具有样品分流功能。

④ 为提高灵敏度，也可将质谱扫描方式设为选择离子扫描方式进行分析。

⑤ 吸附管采样时注意其方向性，避免接反方向。

4.1.4　方法四　苏码罐采样-自动浓缩/稀释-气相色谱-质谱法测定 VOCs

4.1.4.1　样品采集

（1）采样仪器及设备

① 真空系统（具压力表）。

② SUMMA 罐。

③ 电子质量流量控制阀。

④ 47mm Teflon 颗粒物过滤器。

⑤ 采样用真空泵。

（2）采样前准备及步骤

① 清罐

将 SUMMA 罐通过阀门安装在真空系统中，编好真空系统操作程序（一般为 6 个循环，分别包括低真空、高真空、充气三个部分），打开超纯氦气钢瓶阀以及 SUMMA 罐阀门，启动操作程序。完成后即可用来采样。

② 采样

预先情节好采样罐并抽好真空（至 266Pa 以下），如果进行流量控制或加压采样时，应先安装好电子流量控制阀并连接好加压泵，打开管阀和真空压力计阀，控制流量采样。采样完成后，关好罐阀和真空压力计阀，并记录有关的采样数据。将采样罐贴上标签，记录有关采样罐序列号、采样地点和日期等，带回实验室进行分析。

注：采样罐采样所适用的化合物为 $C_2 \sim C_{10}$ 的物质，大于 C_{10} 的物质由于采样罐内壁的吸附作用，则不能定量地从采样罐中回收。制药行业废气中所含 VOCs 成分以 $C_2 \sim C_{10}$ 为主，适合用采样罐采样。

③ 样品测定

首先编好 GC-MS 分析仪器与预冷冻浓缩系统的操作程序，打开标准气体罐和内标气体罐，启动操作程序，做标准曲线。然后，将各盛有样品的苏玛罐置于自动进样器上并连接好，打开阀门，与做标准曲线相同的方法进行试验。

4.1.4.2　典型气相色谱分析条件

载气：氦气（99.999%）。

进样口温度：250℃。

不分流进样。

柱流量（恒流模式）：2mL/min。

升温程序：初始温度-50℃，保持 2min，以 8℃/min 升温到 200℃，保持 15min。

毛细管柱：采用 50m×0.32mm×1.0μm 膜厚 HP OV-1 毛细管柱，也可使用其他等效的毛细管柱。

质谱接口温度：280℃。

质谱 EI 电离源，离子化能量：70eV。

全扫描能在 1s 内从 35amu 扫描至 300amu，具 NIST 谱库及谱库检索等功能。

4.1.4.3　注意事项

① 实验中所使用的标准物质为易挥发的有毒化合物，其配制过程应在通风橱内进

行操作，操作人员应佩戴防护器具。

② 新的吸附管需进行老化。采集过高浓度样品后的吸附管则必须进行老化。

③ 为消除水分的干扰，可根据情况设定分流比。某些品牌的热脱附仪也具有样品分流功能。

④ 为提高灵敏度，也可将质谱扫描方式设为选择离子扫描方式进行分析。

⑤ 吸附管采样时注意其方向性，避免接反方向。

4.1.5 方法五 苏码罐采样-自动浓缩/稀释-气相色谱-质谱法测定 VOCs

4.1.5.1 VOCs 概念及与 TVOC 和 VOCs 的关系

VOCs 指沸点在 50~260℃之间的有机物的总和。与 VOCs 的区别在于：VOCs 是对不同目标化合物分别定量，VOCs 是所有挥发性有机物的总和。与 TVOC 的区别在于：TVOC 用吸附管采样，以 9 种挥发性有机物为目标化合物，其他化合物用甲苯定量；VOCs 用苏玛罐采样，以 TO-1 或 TO-15 作为标准气体定量。标准气体中没有的化合物以该化合物前面的内标定量，计算所有化合物的总浓度。

4.1.5.2 适用范围

本方法适用于环境空气和废气中沸点在 50~260℃之间的挥发性有机物（VOCs）的测定。

4.1.5.3 检出限

该方法检出限会因主要污染物不同而有较大差异，当进样量为 400mL 时检出限为 $0.1~4.0\mu g/m^3$。

采样方法同《空气和废气监测分析方法》第四版（增补版）VOCs 中用采样罐采样方法。

4.1.5.4 分析条件

(1) 进样方式

Entech 7150 低温样品预富集器进样 400mL。

(2) 色谱条件

载气：氦气。

进样口温度：220℃。

分流比：10∶1。

柱流量（恒流模式）：1.5mL/min。

升温程序：初始温度 35℃，保持 5min，以 6℃/min 升温到 150℃，再以 150℃/min 升至 220℃，保持 3min。

毛细管柱：采用（5%-苯基）-甲基聚硅氧烷或类似固定相，60m×0.25mm×1.0μm 毛细管柱。

(3) 质谱条件

质谱接口温度：280℃。

质谱 EI 电离源，离子化能量：70eV。

全扫描范围：35～350amu。

4.1.5.5 样品测定

首先编好 GC-MS 分析仪器与预冷冻浓缩系统的操作程序，打开标准气体罐和内标气体罐，启动操作程序，做标准曲线。然后，将各盛有样品的苏玛罐置于自动进样器上并连接好，打开阀门，与做标准曲线相同的方法进行试验。

4.1.5.6 典型色谱图

各化合物名称及定量、定性离子见表 4-1 TO-14 标准气体表和表 4-2 TO-15 标准气体表。TO-14 目标物的总离子流色谱图如图 4-4 所示。

表 4-1　TO-14 标准气体表

序号	CAS	英文名	中文名	定量离子	特征离子
1	75-71-8	Dichlorodifluoromethane	二氯二氟甲烷	85	50
2	74-87-3	Chloromethane	氯甲烷	50	—
3	76-14-2	Dichlorotetrafluoroethane	二氯四氟乙烷	85	135
4	75-01-4	Vinyl Chloride	氯乙烯	62	64
5	74-83-9	Bromomethane	溴甲烷	94	96
6	75-00-3	Chloroethane	氯乙烷	64	50
7	75-69-4	Trichlorofluoromethane	三氯一氟甲烷	101	103
8	75-35-4	1,1-Dichloroethene	1,1-二氯乙烯	61	96、63
9	76-13-11	1,1,2-Trichloro-1,2,2-trifluoroethane	三氯三氟乙烷	151	101、103
10	75-09-2	Methylene Chloride	二氯甲烷	49	84、86
11	75-34-3	1,1-Dichloroethane	1,1-二氯乙烷	63	65
12	156-59-2	cis-1,2-Dichloroethene	顺-1,2-二氯乙烯	96	61、98
13	67-66-3	Chloroform	氯仿	83	47、85
14	71-55-6	1,1,1-Trichloroethane	三氯乙烷	97	61、99
15	107-06-2	1,1-Dichloroethane	1,2-二氯乙烷	62	64

序号	CAS	英文名	中文名	定量离子	特征离子
16	71-43-2	Benzene	苯	78	50,77
17	56-23-5	Carbon Tetrachloride	四氯化碳	117	119
18	79-01-6	Trichlorobenzene	三氯乙烯	130	95,132
19	78-87-5	1,2-Dichloropropane	1,2-二氯丙烷	63	41,62
20	10061-01-5	cis-1,3-Dichloropropene	顺-1,3-二氯丙烯	75	39,77
21	10061-02-6	trans-1,3-Dichloropopropene	反-1,3-二氯丙烯	75	39,77
22	18-88-3	Toluene	甲苯	91	92
23	79-00-5	1,1,2-Trichloroethane	1,1,2-三氯乙烷	97	61,83
24	127-18-4	Tetrachloroethylene	四氯乙烯	166	131,164
25	108-90-7	Chlorobenzene	氯苯	112	77,117
26	100-41-4	Ethyl Benzene	乙苯	91	106
27	106-42-3	p-Xylene	对二甲苯	91	106
28	108-38-3	m-Xylene	间二甲苯	91	106
29	400-42-8	Styrene	苯乙烯	104	78,103
30	95-47-6	o-Xylene	邻二甲苯	91	106
31	79-34-5	1,1,2,2-Tetrachloroethane	1,1,2,2-四氯乙烷	83	85
32	108-67-8	1,3,5-Trimethylbenzene	1,3,5-三甲苯	105	120
33	95-63-6	1,2,4-Trimethylbenzene	1,2,4-三甲苯	105	120
34	541-73-1	1,3-Dichlorobenzene	1,3二氯苯	146	148,111
35	106-46-7	1,4-Dichlorobenzene	1,4-二氯苯	146	111,148
36	95-50-1	1,2-Dichlorobenzene	1,2-二氯苯	146	111,148
37	120-82-1	1,2,4-Trichlorobenzene	1,2,4-三氯苯	180	182,184
38	87-68-3	Hexachloro-1,3-Butadiene	六氯-1,3-丁二烯	225	227,223
39	106-93-4	1,2-Dibromoethane	1,2-二溴乙烷	107	109,27

表4-2 TO-15标准气体表

序号	CAS	英文名	中文名	定量离子	特征离子
1	115-07-1	Propylene	甲醛/丙烯	30/41	—
2	75-71-8	Dichlorodifluoromethane	二氯二氟甲烷	85	50
3	74-87-3	Chloromethane	氯甲烷	50	—
4	76-14-2	Dichlorotetrafluoroethane	二氯四氟乙烷	85	135
5	75-07-0	Acetaldehyde	乙醛	29	44
6	75-01-4	Vinyl Chloride	氯乙烯	62	64
7	106-99-0	1,3-Butadiene	1,3-丁二烯	39	53
8	74-83-9	Bromomethane	溴甲烷	94	96

续表

序号	CAS	英文名	中文名	定量离子	特征离子
9	75-00-3	Chloroethane	氯乙烷	64	50
10	593-60-2	Bromoethylene	溴乙烯	106	94
11	75-69-4	Trichlorofluoromethane	三氯一氟甲烷	101	103
12	67-64-1	Acetone	丙酮	58	43
13	107-02-8	Acrolein	丙烯醛	56	55
14	67-63-0	2-Propanol	异丙醇	45	43
15	75-35-4	1,1-Dichloroethene	1,1-二氯乙烯	61	96,63
16	76-13-11	Trichloro trifluoroethane	三氯三氟乙烷	151	101,103
17	75-09-2	Methylene Chloride	二氯甲烷	49	84,86
18	107-05-1	3-chloropropene	3-氯-1-丙烯	76	39,41
19	75-15-0	Carbon disulfide	二硫化碳	76	—
20	156-60-5	*trans*-1,2-Dichloroethene	反-1,2-二氯乙烯	96	63
21	1634-04-4	Methyltert-butyl ether(MTBE)	甲基叔丁基醚	73	57
22	75-34-3	1,1-Dichloroethane	1,1-二氯乙烷	63	65
23	108-05-4	Vinylacetate	乙酸乙烯酯	43	86
24	78-93-0	2-Butanone(MEK)	2-丁酮	72	44
25	110-54-3	Hexane	正己烷	57	43
26	156-59-2	*cis*-1,2-Dichloroethene	顺-1,2-二氯乙烯	96	61,98
27	141-78-6	Ethyl Acetate	乙酸乙酯	43	61
28	74-97-5	Bromochloromethane	溴氯甲烷(内标1)	130	49,128
29	67-66-3	Chloroform	氯仿	83	47,85
30	100-99-9	Tetrahydrofuran	四氢呋喃	71	43
31	71-55-6	1,1,1-Trichloroethane	三氯乙烷	97	61,99
32	107-06-2	1,2-Dichloroethane	1,2-二氯乙烷	62	64
33	71-43-2	Benzene	苯	78	50,77
34	56-23-5	Carbon Tetrachloride	四氯化碳	117	119
35	110-82-7	Cyclohexane	环己烷	56	43,84
36	540-36-3	1,4-difluorobenzene	1,4-二氟苯(内标2)	114	63
37	540-84-1	2,2,4-Trimethylpentane	异辛烷	57	113
38	142-82-5	Heptane	正庚烷	41	83
39	79-01-6	Trichlorobenzene	三氯乙烯	130	95,132

续表

序号	CAS	英文名	中文名	定量离子	特征离子
40	78-87-5	1,2-Dichloropropane	1,2-二氯丙烷	63	41,62
41	123-91-1	1,4-Dioxane	1,4-二氧杂环己烷	88	43,58
42	75-27-4	Bromodichloromethane	溴二氯甲烷	83	85
43	108-10-1	4-Methyl-2-pentanone(MIBK)	4-甲基-2-戊酮	43	58,100
44	10061-01-5	cis-1,3-Dichloropropene	顺-1,3-二氯丙烯	75	39,77
45	10061-02-6	trans-1,3-Dichloropropene	反-1,3-二氯丙烯	75	39,77
46	18-88-3	Toluene	甲苯	91	92
47	79-00-5	1,1,2-Trichloroethane	1,1,2-三氯乙烷	97	61,83
48	591-78-9	2-Hexanone(MBK)	2-己酮	43	—
49	124-48-1	Dibromochloromethane	二溴一氯甲烷	129	—
50	127-18-4	Tetrachloroethylene	四氯乙烯	166	131,164
51	557-91-5	1,1-Dibromoethane	1,1-二溴乙烷	107	109
52	3114-55-4	Chlorobenzene-d5	氯苯-d5(内标3)	117	122
53	108-90-7	Chlorobenzene	氯苯	112	77,117
54	100-41-4	Ethyl Benzene	乙苯	91	106
55	106-42-3	p-Xylene	对二甲苯	91	106
56	108-38-3	m-Xylene	间二甲苯	91	106
57	400-42-8	Styrene	苯乙烯	104	78,103
58	95-47-6	o-Xylene	邻二甲苯	91	106
59	75-25-2	Bromoform	溴仿	173	—
60	79-34-5	1,1,2,2-Tetrachloroethane	1,1,2,2-四氯乙烷	83	85
61	460-00-4	4-Bromofluorobenzene	4-溴氟苯(内标4)	95	174,176
62	622-96-8	4-Ethyltoluene	4-乙基甲苯	105	120
63	108-67-8	1,3,5-Trimethylbenzene	1,3,5-三甲苯	105	120
64	95-63-6	1,2,4-Trimethylbenzene	1,2,4-三甲苯	105	120
65	541-73-1	1,3-Dichlorobenzene	1,3-二氯苯	146	148,111
66	100-47-7	Benzylchloride	苄基氯	91	126
67	106-46-7	1,4-Dichlorobenzene	1,4-二氯苯	146	111,148
68	95-50-1	1,2-Dichlorobenzene	1,2-二氯苯	146	111,148
69	120-82-1	1,2,4-Trichlorobenzene	1,2,4-三氯苯	180	182,184
70	87-68-3	Hexachloro-1,3Butadiene	六氯-1,3-丁二烯	225	227,223

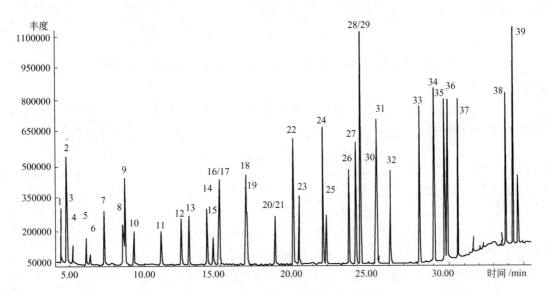

图 4-4　TO-14 目标物的总离子流色谱图

1—二氯二氟甲烷（氟里昂 12）；2—二氯四氟乙烷（氟里昂 114）；3—氯甲烷；4—氯乙烯；5—溴甲烷；
6—氯乙烷；7—三氯一氟甲烷（氟里昂 11）；8—1,1 二氯乙烯；9—三氯三氟乙烷（氟里昂 113）；
10—二氯甲烷；11—1,1-二氯乙烷；12—顺-1,2-二氯乙烯；氯；13—三氯甲烷；14—1,1,1-三氯乙烷；
15—1,2-二氯乙烷；16—苯；17—四氯化碳；18—三氯乙烯；19—1,2-二氯丙烷；20—顺-1,3-二氯丙烯；
21—反-1,3-二氯丙烯；22—甲苯；23—1,1,2-三氯乙烷；24—四氯乙烯；
25—1,2-二溴乙烷；26—氯苯；27—乙苯；28—对二甲苯；29—间二甲苯；30—苯乙烯；31—邻二甲苯；
32—1,1,2,2-四氯乙烷；33—1,3,5-三甲基苯；34—1,2,4-三甲基苯；
35—1,3-二氯苯；36—1,4-二氯苯；37—1,2-二氯苯；38—1,2,4-三氯苯；39—六氯-1,3-丁二烯

4.1.5.7　注意事项

① 使用毛细色谱柱时一般推荐恒压模式，但是当初温和终温差距较大，尤其是终温很高时由于紊流变大会降低线速度导致后面的峰形和分离度变差；如果采用恒流模式，当柱温升高时，为保持恒流系统会自动提高柱头压，从而使柱流量和线速度也保持相对稳定，所以分析 VOCs 时必须采用恒流模式。

② 有些沸点低于 50℃ 的有机化合物能在本方法条件下产生相应，也包括在 VOCs 内；甲醛分子量太小，低于本方法最低质荷比，因此不包括在 VOCs 之内。

4.2　苯　系　物

4.2.1　监测依据及检出限

①《环境空气　苯系物的测定　活性炭吸附/二硫化碳解吸-气相色谱法》（HJ

584—2010）。

② 活性炭吸附/二硫化碳解吸-气相色谱法《空气和废气监测分析方法》（第四版）。

采样方法同《环境空气　苯系物的测定　活性炭吸附/二硫化碳解吸-气相色谱法》（HJ 584—2010）。

③《工作场所空气有毒物质测定　芳香烃类化合物》（GBZ/T 160.42—2007）。芳香烃类化合物检出限见表 4-3。

表 4-3　芳香烃类化合物检出限

化合物	检出限/(μg/mL)	最低检出浓度/(mg/m³)	测定范围/(μg/mL)
苯	0.9	0.6	0.9~40
甲苯	1.8	1.2	1.8~100
二甲苯	4.9	3.3	4.9~600
乙苯	2	1.3	2~1000
苯乙烯	2.5	1.7	2.5~400

4.2.2　采样和样品保存

(1) 采样装置

无油采样泵，能在 0~1.5L/min 范围内精确保持流量。

(2) 活性炭采样管

采样管内装有两段特制的活性炭，A 段 100mg，B 段 50mg。A 段为采样段，B 段为指示段，具体如图 4-5 所示。

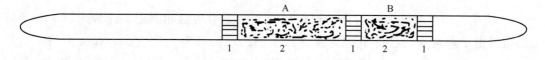

图 4-5　活性炭采样管

1—玻璃棉；2—活性炭；A—100mg 活性炭；B—50mg 活性炭

(3) 流量调整

调整采样装置流量，用于调节流量的采样管不能再做采样分析。

(4) 样品采集

敲开活性炭采样管的两端，与采样器相连（A 段为气体入口），检查采样系统的气密性。以 0.2~0.6L/min 的流量采气 1~2h（废气采样时间 5~10min）。若现场大气中含有较多颗粒物，可在采样管前连接过滤头。同时记录采样器流量、当前温度、气压及采样时间和地点。

(5) 采样完成

采样完毕前，再次记录采样流量，取下采样管，立即用聚四氟乙烯帽密封。

(6) 现场空白样品的采集

将活性炭管运输到采样现场，敲开两端后立即用聚四氟乙烯帽密封，并同已采集样品的活性炭管一同存放并带回实验室分析。每次采集样品，都应至少带一个现场空白样品。

(7) 样品的保存

采集好的样品，立即用聚四氟乙烯帽将活性炭采样管的两端密封，避光密闭保存，室温下 8h 内测定。否则放入密闭容器中，保存于 −20℃ 冰箱中，保存期限为 14d。

本法的检出限、最低检出浓度（以采集 1.5L 空气样品计）、测定范围见表 4-3。

4.2.3　方法原理

空气中的苯、甲苯、二甲苯、乙苯和苯乙烯用活性炭管采集，二硫化碳解吸后进样，经色谱柱分离，氢焰离子化检测器检测，以保留时间定性、峰高或峰面积定量。

4.2.4　典型气相色谱分析条件

(1) 分析条件一

载气：氮气。

流速：50mL/min。

进样口温度：150℃。

柱温：65℃。

填充柱：2m×4mm。

邻苯二甲酸二壬酯（DNP）：有机皂土-34：Shimalite 担体＝5：5：100。

检测器：FID。

检测器温度：150℃。

燃烧气：氢气，流量约 40mL/min。

助燃气：空气，流量约 400mL/min。

(2) 分析条件二

载气：氮气。

流速：30mL/min。

进样口温度：150℃。

柱流量：2.6mL/min。

柱温：65℃ 保持 10min，以 5℃/min 速率升温到 90℃ 并保持 2min。

毛细管柱：固定液为聚乙二醇（PEG-20M），30m×0.32mm，膜厚 1.00μm 或等效毛细管柱。

检测器：FID。

检测器温度：250℃。

燃烧气：氢气，流量约 40mL/min。
助燃气：空气，流量约 400mL/min。
尾吹气：氮气，流量约 30mL/min。

4.2.5 典型气相色谱图

典型气相色谱图如图 4-6 和图 4-7 所示。

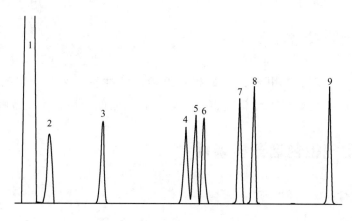

图 4-6　毛细管柱色谱图
1—二硫化碳；2—苯；3—甲苯；4—乙苯；5—对二甲苯；
6—间二甲苯；7—异丙苯；8—邻二甲苯；9—苯乙烯

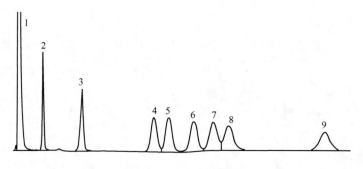

图 4-7　填充柱色谱图
1—硫化碳；2—苯；3—甲苯；4—乙苯；5—对二甲苯；
6—间二甲苯；7—邻二甲苯；8—异丙苯；9—苯乙烯

4.2.6 分析步骤

将采样管中活性炭的前段和后段分别转移到 5mL 的容量瓶或 2mL 的玻璃瓶中，准确加入 1mL 纯化过的二硫化碳，放置 30min 后进行分析。记录保留时间和峰高，以保留时间进行定性，以峰高或峰面积定量。

4.2.7　注意事项

①　二硫化碳中常含有去除不掉的苯，导致二硫化碳解析法灵敏度较低，但该方法前处理简单，一次采样可多次分析，且对于苯系物之间浓度相差较大或浓度较高时更有优越性。

②　热脱附法具有不使用有机溶剂、本底值低的特点，但其为一次进样，无法多次进样分析，对于无法确定浓度的样品，不具优越性。

③　填充柱和毛细管柱都可使用。大口径毛细柱更有优势。

④　吸附管应垂直向上采集样品，且应注意方向性。采集完成后，应立即密封两端，于 4℃冷藏保存。

⑤　每一批新的吸附管应测定吸附与解析效率。

⑥　注射器采样后应针头向下，垂直放置，并在 13h 内分析完毕。

4.2.8　讨论

（1）定性分析

气相色谱采用保留时间定性，气质联机采用保留时间和特征离子综合定性。气相色谱检测时由于甲醇溶剂有明显拖尾会干扰苯的测定。气质联机通过选择离子检测可消除甲醇的干扰，但是二硫化碳和苯都会产生质量数为 78 的离子，使前几分钟的基线明显升高，从而降低苯的灵敏度（见图 4-8 和图 4-9）。

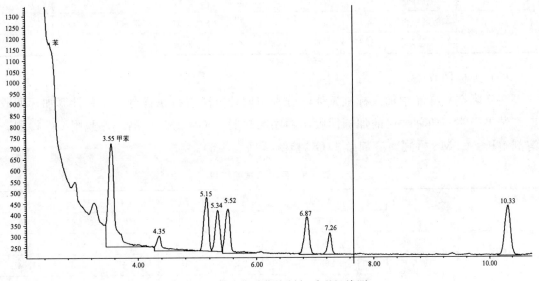

图 4-8　二硫化碳作溶剂气质联机检测

（2）精密度讨论

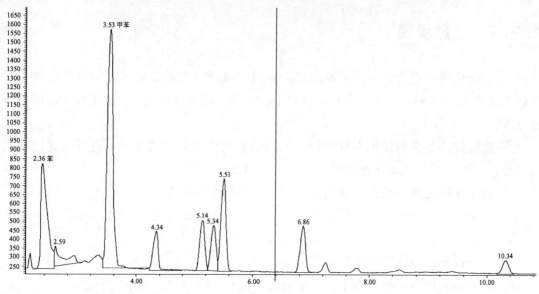

图 4-9　甲醇作溶剂气质联机检测

用不同检测方法各检测苯系物混合标样 7 次，4 种分析方法的相对标准偏差均值顺序为溶剂解析 GC 检测＞溶剂解析 GC/MS 检测＞热脱附 GC 检测＞热脱附 GC/MS 检测（见表 4-4）。

表 4-4　精密度试验结果

分析方法		相对标准偏差/%							
		苯	甲苯	乙苯	对二甲苯	间二甲苯	邻二甲苯	苯乙烯	均值
GC	溶剂解析	2.88	2.56	2.42	2.58	2.98	2.87	3.12	2.77
	热脱附	1.23	1.29	1.21	2.34	2.88	2.01	2.35	1.90
GC/MS	溶剂解析	3.10	2.45	2.01	2.33	2.54	2.27	2.55	2.46
	热脱附	1.65	1.42	1.48	2.11	2.05	2.09	2.27	1.87

（3）加标回收率

在实际空气样品中加入标准气体，分别用四种方法进行采样分析，并计算加标回收率。结果表明，四种方法的加标回收率顺序为热脱附 GC/MS 检测＞热脱附 GC 检测＞溶剂解析 GC/MS 检测＞溶剂解析 GC 检测（见表 4-5）。

表 4-5　回收率试验结果

分析方法		相对标准偏差/%							
		苯	甲苯	乙苯	对二甲苯	间二甲苯	邻二甲苯	苯乙烯	均值
GC	溶剂解析	97.9	90.2	98.1	89.5	85.1	88.4	90.6	91.4
	热脱附	99.1	96.2	97.8	95.6	100.2	98.4	94.3	97.4
GC/MS	溶剂解析	95.1	96.8	98.0	88.6	88.2	87.1	90.6	92.1
	热脱附	99.8	97.8	99.7	98.6	97.9	98.6	99.3	98.8

（4）检出限

将苯系物标准气体逐级稀释，采样 10L。溶剂解析定容到 1mL，热脱附直接热解析。分别用气相色谱和气质联机检测，以信噪比 $S/N=3$ 时的样品浓度作为方法检出限。由各种分析方法测得各物质的检出限见表 4-6。4 种分析方法的检出限顺序为溶剂解析 GC 检测＞溶剂解析 GC/MS 检测＞热脱附 GC 检测＞热脱附 GC/MS 检测。

表 4-6 苯系物的检出限

分析方法		浓度/(mg/m³)							
		苯	甲苯	乙苯	对二甲苯	间二甲苯	邻二甲苯	苯乙烯	均值
GC	溶剂解析	4.2×10^{-2}	3.2×10^{-2}	3.0×10^{-2}	3.0×10^{-2}	3.1×10^{-2}	3.5×10^{-2}	3.7×10^{-2}	3.4×10^{-2}
	热脱附	1.1×10^{-4}	1.0×10^{-4}	9.9×10^{-5}	9.6×10^{-5}	1.2×10^{-4}	1.4×10^{-4}	9.6×10^{-5}	1.1×10^{-4}
GC/MS	溶剂解析	2.8×10^{-3}	2.1×10^{-3}	5.4×10^{-3}	2.1×10^{-3}	3.8×10^{-3}	4.5×10^{-3}	9.7×10^{-3}	4.3×10^{-3}
	热脱附	1.3×10^{-5}	1.2×10^{-5}	1.0×10^{-5}	1.0×10^{-5}	1.5×10^{-5}	1.6×10^{-5}	1.6×10^{-5}	1.3×10^{-5}

（5）线性分析

由图 4-10～图 4-17 可以看出，该方法分析苯系物具有很好的线性。

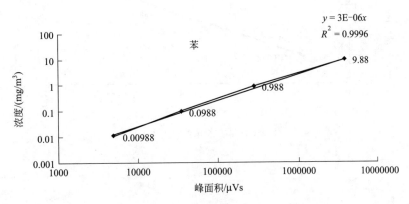

图 4-10 苯线性分析

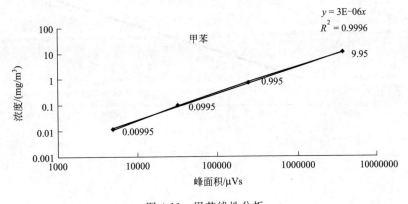

图 4-11 甲苯线性分析

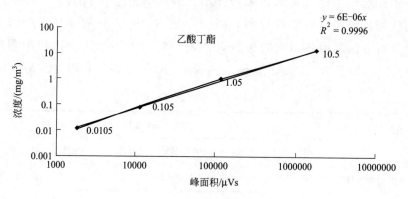

图 4-12　乙酸丁酯线性分析

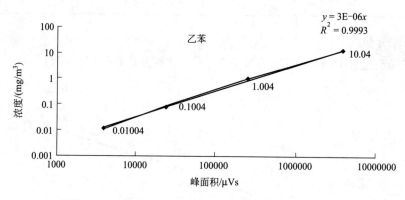

图 4-13　乙苯线性分析

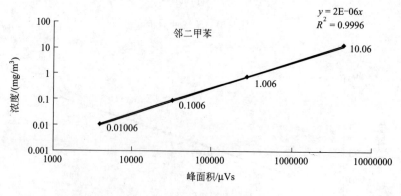

图 4-14　邻二甲苯线性分析

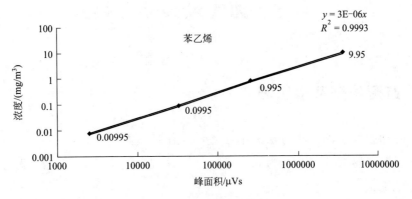

图 4-15 苯乙烯线性分析

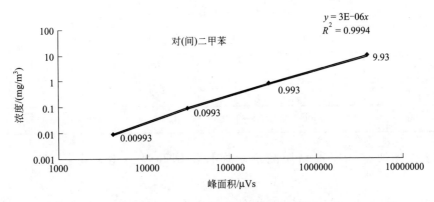

图 4-16 对（间）二甲苯线性分析

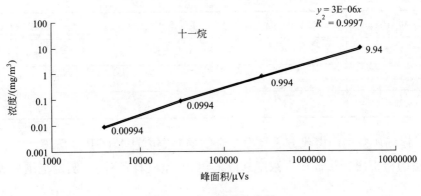

图 4-17 十一烷线性分析

4.3 卤代烃类化合物

4.3.1 监测依据及检出限

①《空气和废气监测分析方法》第四版，增补版（方法一）。

用 FID 检测器的检出限为 0.01mg/每个样品，用 ECD 检测器的检出限为 0.01μg/每个样品。

②《工作场所空气有毒物质测定 卤代烷烃类化合物》（GBZ/T 160.45—2007）。

本方法的检出限、最低检出浓度（以采集 4.5L 空气样品计）、测定范围见表 4-7。

表 4-7 测定范围（一）

化合物	三氯甲烷	四氯化碳	1,2-二氯乙烷	六氯乙烷	三氯丙烷
检出限/(μg/mL)	46	43	10	12.5	1.4
最低检出浓度/(mg/m³)	10	9.5	2.2	2.8	0.3
测定范围/(μg/mL)	46~2400	43~1200	10~1000	12.5~500	1.4~500

③《工作场所空气有毒物质测定 卤代不饱和烃类化合物》（GBZ/T 160.46—2004）。

本方法的检出限、最低检出浓度（以采集 1.5L 空气样品计）、测定范围见表 4-8。

表 4-8 测定范围（二）

化合物	检出限/(μg/mL)	最低检出浓度/(mg/m³)	测定范围/(μg/mL)
1,2-二氯乙烯	0.9	0.6	0.9~1500
三氯乙烯	1	0.7	1~600
四氯乙烯	1.2	0.8	1~600

④《工作场所空气中卤代芳香烃类化合物的测定方法》（GBZ/T 160.47—2004）。

本方法的检出限、最低检出浓度（以采集 3L 空气样品计）、测定范围见表 4-9。

4.3.2 样品采集、运输和保存

（1）短时间采样

表 4-9 测定范围 (三)

化合物	检出限/(μg/mL)	最低检出浓度/(mg/m³)	测定范围/(μg/mL)
氯苯	0.12	0.04	0.12~1000
二氯苯	0.7	0.23	0.7~500
三氯苯	0.3	0.1	0.3~150
溴苯	0.13	0.043	0.13~150
对氯甲苯	0.15	0.05	0.15~200
苄基氯	0.41	0.14	0.41~200

在采样点，打开活性炭管两端，以 300mL/min 流量采集 15min 空气样品。

(2) 长时间采样

在采样点，打开活性炭管两端，以 50mL/min 流量采集 2~8h 空气样品。

(3) 样品运输和保存

采样后，立即封闭活性炭管两端，置清洁容器内运输和保存。二氯乙烯样品在室温下可保存 3d，冰箱内保存 7d，-20℃保存 14d。三氯乙烯和四氯乙烯样品在室温可保存 10d。

4.3.3 试剂和仪器

(1) 试剂

① 解吸液：1,2-二氯乙烷，二硫化碳，色谱鉴定无干扰杂质峰。

② 聚乙二醇 20mol/L 或 FFAP，色谱固定液。

③ Chromosorb WHP 或 6201，色谱担体，60~80 目。

④ 标准溶液：在 10mL 容量瓶中，加入约 5mL 1,2-二氯乙烷（用于二氯乙烯）或二硫化碳（用于三氯乙烯和四氯乙烯），准确称量后；加入一定量的二氯乙烯、三氯乙烯或四氯乙烯（色谱纯），再准确称量。分别用 1,2-二氯乙烷或二硫化碳定容。由两次称量之差计算溶液中二氯乙烯、三氯乙烯和四氯乙烯的浓度，此溶液为标准溶液，或用国家认可的标准溶液配制。

(2) 仪器

① 活性炭管，溶剂解吸型，内装 100mg/50mg 活性炭。

② 空气采样器，流量 0~500mL/min。

③ 溶剂解吸瓶，5mL。

④ 微量注射器，10μL。

⑤ 气相色谱仪，氢焰离子化检测器。

4.3.4 方法原理

(1) 卤代烷烃类化合物

空气中的三氯甲烷、四氯化碳，1,2-二氯乙烷、六氯乙烷和1,2,3-三氯丙烷用活性炭管采集，溶剂解吸后进样，经色谱柱分离，氢焰离子化检测器检测，以保留时间定性，峰高或峰面积定量。

(2) 卤代不饱和烃类化合物

空气中的二氯乙烯、三氯乙烯和四氯乙烯用活性炭管采集，经溶剂解吸，色谱柱分离，氢焰离子化检测器检测，保留时间定性，峰高或峰面积定量。

(3) 卤代芳香烃类化合物

空气中的氯苯、二氯苯（包括对二氯苯、邻二氯苯和间二氯苯）、1,2,4-三氯苯、溴苯、对氯甲苯和苄基氯用活性炭采集，二硫化碳解吸后进样，经色谱柱分离，氢焰离子化检测器检测，以保留时间定性，峰高或峰面积定量。

4.3.5 样品分析

将采过样的前后段活性炭分别放入溶剂解吸瓶中，各加入1.0mL二硫化碳，塞紧管塞，振摇1min，解吸30min。解吸液供测定。若浓度超过测定范围，用二硫化碳稀释后测定，计算时乘以稀释倍数。

4.3.6 卤代烷烃类化合物气相色谱分析条件

(1) 检测器FID

用于三氯甲烷、四氯化碳、二氯乙烷和三氯丙烷的色谱柱：2m×4mm FFAP：6201红色担体＝10：100。柱温为100℃（用于三氯甲烷和四氯化碳）；150℃（用于二氯乙烷和三氯丙烷）；汽化室温度为200℃；检测室温度为200℃；载气为氮气，流量为25mL/min。用于六氯乙烷的色谱柱为2m×4mm，OV-17：QF-1：Chromosorb WAW DMCS＝2：1.5：100。柱温为130℃；汽化室温度为200℃；检测室温度为230℃；载气为氮气，流量为30mL/min。

(2) 卤代不饱和烃类化合物气相色谱分析条件

FID检测器。用于二氯乙烯色谱柱为2m×4mm，聚乙二醇20mol/L：Chromosorb WHP＝5：10；柱温为70℃；气化室温度为180℃；检测室温度为180℃；载气为氮气，流量为25mL/min。用于三氯乙烯和四氯乙烯色谱柱，2m×4mm，FFAP：6201红色担体＝10：100；柱温为100℃；气化室温度为160℃；检测室温度为200℃；载气为氮气，流量为25mL/min。

(3) 卤代芳香烃类化合物气相色谱分析条件

FID 检测器。色谱柱：3m×4mm，FFAP：Chromosorb WAW DMCS＝10：100；柱温为 140℃（用于氯苯、二氯苯、对氯甲苯、苄基氯和溴苯）；210℃（用于三氯苯）；汽化室温度为 250℃；检测室温度为 250℃；载气为氮气；流量为 50mL/min。

4.3.7　典型气相色谱图

卤代烃类化合物气相色谱图如图 4-18 所示。

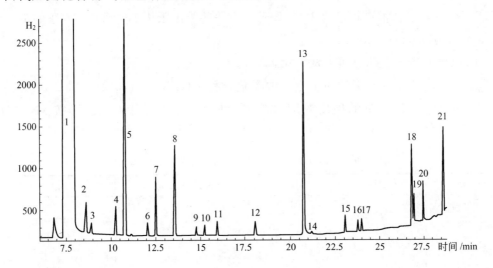

图 4-18　卤代烃类化合物气相色谱图

1—二硫化碳；2—反式 1,2-二氯乙烯；3—1,1-二氯乙烷；4—顺式 1,2-二氯乙烯；

5—三氯甲烷；6—1,2-二氯乙烷；7—1,1,1-三氯乙烷；8—四氯化碳；9—1,2-二氯丙烷；

10—三氯乙烯；11—1-溴-2-氯乙烷；12—1,1,2-三氯乙烷；13—四氯乙烯；

14—氯苯；15—溴仿；16—1,1,2,2-四氯乙烷；17—1,2,3-三氯丙烷；

18—氯甲基苯；19—1,4-二氯苯；20—1,2-二氯苯(1,3-二氯苯)；21—六氯乙烷

4.3.8　注意事项

① 尽量选择质量稳定的二硫化碳，使用前应做试剂空白，合格后再使用。

② 采样管应垂直向上采样，并注意方向性。采样结束应立即封闭两端，于 4℃冷藏。

③ 每使用一批新的活性炭吸附管，应该测定前后端活性炭的空白。

④ 每次采样应有过程空白。

⑤ 每一批新的吸附管，应测定吸附与解析效率。解析效率应≥80％。

⑥ 采样后应在 6d 内解析完毕，10d 内分析完毕。

4.4 醇类化合物

4.4.1 监测依据及检出限

①《固定污染源排气中甲醇的测定》(HJ/T 33—1999)气相色谱法。以3倍噪声色谱峰高值计算,当色谱进样量为1.0mL时,方法的检出限为2mg/m³,方法的定量测定的浓度范围为5.0~10⁴mg/m³。

②《空气和废气监测分析方法》第四版。

③《工作场所空气有毒物质测定 醇类化合物》(GBZ/T 160.48—2007)。

本方法的检出限、最低检出浓度(乙二醇按7.5L空气计,氯乙醇按1L空气计,其余按1.5L空气计)、测定范围表4-10。

表 4-10 工作场所空气有毒物质测定醇类化合物检出限

化合物	检出限/(μg/mL)	最低检出浓度/(mg/m³)	测定范围/(μg/mL)
甲醇	2	1.3	2~250
异丙醇	0.4	0.3	0.4~5000
丁醇	0.5	0.4	0.5~2000
异戊醇	9	6	9~1440
异辛醇	1	0.7	1~200
丙烯醇	1	0.7	1~200
氯乙醇	1	1	1~640
糠醇	6	4	6~1500
二丙酮醇	5.7	3.7	5.7~1000
乙二醇	100	14	100~2000

4.4.2 样品采集

(1) 采样仪器及设备

① 采样装置:如图4-19所示。

② 采样管:用适当尺寸的不锈钢、硬质玻璃或聚四氟乙烯材质的管料,并附有可加温至120℃以上的保温夹套。

③ 取样装置:100mL全玻璃注射器。

④ 流量计量装置:能在10~500mL/min内精确测定流量,流量精度2%。宜采用电子质量流量计。

⑤ 抽气泵:双通道无油采样泵,双通道能独立调节流量并能在10~500mL/min内精确保持流量,流量误差应在±5%内。

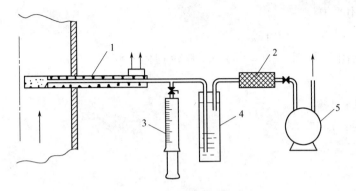

图 4-19 注射器采样装置
1—加热采样管；2—过滤器；3—注射器；4—洗涤瓶；5—抽气泵

⑥ 连接管：聚四氟乙烯软管或内衬聚四氟乙烯薄膜的硅胶管。

⑦ 贮气袋：铝箔复合薄膜气袋。

(2) 有组织样品采样和样品保存

① 连接采样装置。

② 样品采集。

在采样管头部塞适量玻璃棉，并将其伸入排气筒采样点，启动抽气泵，首先将采样系统管路用排气体内的气体充分清洗，然后抽动注射器，反复抽洗 5~6 次后，抽满所需体积的气体。迅速用橡皮帽（内衬聚四氟乙烯薄膜）密封，带回实验室。

为便于存放和运输可将注射器中的样品气充入贮气袋存放。

(3) 无组织样品采样和样品保存

在采样点现场，先将采样注射器反复抽洗 5~6 次后，抽满现场空气，迅速密封注射器口，带回实验室分析。

若有需要，可用注射器多次抽吸样品气，将其注入贮气袋后，带回实验室。

采集样品后应尽快分析，如不能及时分析，可于冰箱中 3~5℃冷藏，一星期内分析完毕。

4.4.3　方法原理

空气中的甲醇、异丙醇、丁醇、异戊醇、异辛醇、糠醇、二丙酮醇、丙烯醇、乙二醇和氯乙醇用固体吸附剂管采集，溶剂解吸后进样，经色谱柱分离，氢焰离子化检测器检测，以保留时间定性，峰高或峰面积定量。

4.4.4　典型气相色谱分析条件

(1) 甲醇分析条件一

检测器：FID270℃。

色谱柱：3m×3mm 玻璃柱。

填充物：涂附 15％PEG-6000 的 101 白色担体（80～100 目）。

柱温：80℃。

汽化室温度：150℃。

检测室温度：150℃。

载气：氮气。

流量：45mL/min。

燃气：氢气。

流量：36mL/min。

助燃气：空气。

流量：320mL/min。

(2) 甲醇分析条件二

检测器：FID270℃。

色谱柱：2m×4mm。GDX-102。

柱温：140℃。

汽化室温度：180℃。

检测室温度：200℃。

载气：氮气。

流量：35mL/min。

(3) 甲醇分析条件三

检测器：FID270℃。

色谱柱：Porapak Q 不锈钢填充柱 2m×3mm。

柱温：150℃保持 5min。

进样口温度：160℃。

燃气：氢气。

流量：40mL/min。

助燃气：空气。

流量：350mL/min。

(4) 除甲醇外醇类化合物分析条件

检测器：FID270℃。

色谱柱：2m×4mm，FFAP：Chromosorb WAW＝10：100。

柱温：90℃（用于异丙醇、正丁醇、异丁醇、异戊醇和丙烯醇）；100℃（用于二丙酮醇）；140℃（用于糠醇和氯乙醇）；170℃（用于异辛醇和乙二醇）。

汽化室温度：200℃。

检测室温度：220℃。

载气：氮气。

流量：40mL/min。

4.4.5　典型气相色谱图

对混合标准物质进行气相色谱分析得到如图 4-20 所示的色谱图。

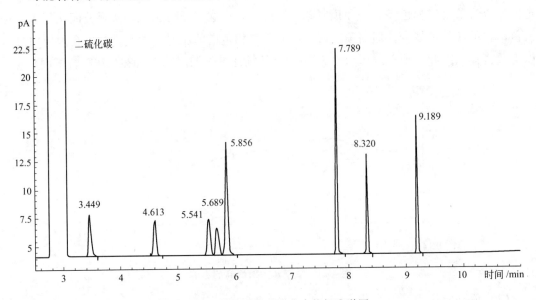

图 4-20　低分子量醇类化合物标准谱图

按保留时间依次为：3.449min—丙酮；4.613min—乙酸乙酯；5.541min—异丙醇；

5.689min—乙醇；5.856min—苯；7.789min—甲苯；8.320min—乙酸丁酯；9.189min—正丁醇

4.4.6　注意事项

① 本方法可使用聚乙二醇 6000 柱代替 FFAP 柱，或使用同类型的毛细管色谱柱。

② 低分子醇类化合物易溶于水，污染源气体采样过程中应尽量缩短采样孔与吸收管之间的管线距离。

4.4.7　讨论

在醇类检测中，甲醇检测频次最高，难度也最大，所以着重进行讨论。目前，空气和废气中甲醇的检测是用蒸馏水吸收，直接进样和顶空进样两种方法注入气相色谱进行检测。由于毛细管柱具有柱效高、样品峰形好等优势，逐渐替代了填充柱。而水分高的样品容易对毛细管柱固定相造成损害，影响柱子的寿命；进样口进 2μL 水样也会过载；同时直接进水样会引入较多的杂质，从而降低分析灵敏度。顶空进样法取液上气体进样，可以克服以上缺点，并提高方法灵敏度。色谱条件已经非常成熟，这里不再赘述，主要讨论一下自动顶空进样器条件。自动顶空进样器条件主要包括顶空瓶气液比、顶空瓶压力、顶空瓶温度、顶空瓶平衡时间、载气压力、震荡程度和时间、样品瓶加压时间、进样环平衡时间、样品环充满时间、进样时间等。

（1）顶空进样器载气压力

实验结果表明，样品峰高与载气压力成负相关，如图4-21所示。气相色谱柱流量一定，分流流量由气相色谱载气和顶空载气组成，顶空载气压力越大，实际分流比越大，进入色谱柱的样品量越少。但当顶空瓶载压低于气相色谱前压时，顶空进样器会因压力过低而无法进样。因此，顶空瓶压力设为10psi（柱前压9.3psi，1psi=6894.76Pa，下同）。

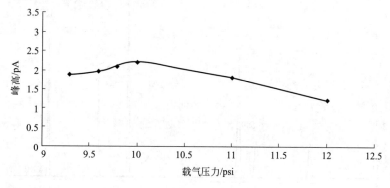

图4-21 载气压力对峰高的影响

（2）顶空瓶压力

实验结果表明有，当顶空瓶压力低于10.0psi时，样品峰高与顶空瓶压力呈正相关，当顶空瓶压力高于10.0psi时，样品峰高与顶空瓶压力呈负相关，如图4-22所示。

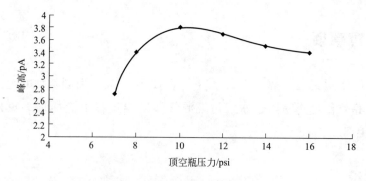

图4-22 顶空瓶压力对峰高的影响

（3）顶空瓶温度

在顶空-气相色谱分析中，顶空瓶温度与样品峰高呈正相关，如图4-23所示。但顶空法分析水样时瓶温不得高于90℃，温度过高不仅增大瓶压而且气相中水含量增大，不利于色谱分析。因此，将顶空瓶温度定为90℃。

（4）顶空瓶平衡时间

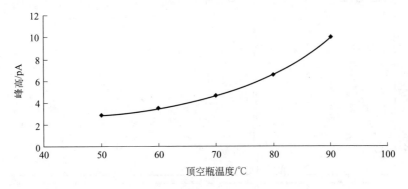

图 4-23 顶空瓶温度对峰高的影响

在顶空气相色谱测定中，待测组分在顶空瓶水相和气相达到平衡时才能测定。平衡时间会直接影响到测定的灵敏度和精密度，响应值随着平衡时间的增加而增加，40min以后响应值趋于稳定，如图 4-24 所示。

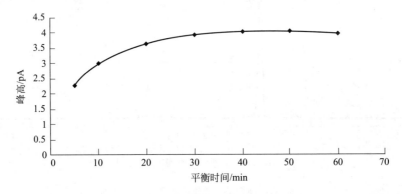

图 4-24 顶空瓶平衡时间对峰高的影响

（5）其他顶空条件

实验表明，样品瓶加压时间、进样环平衡时间、样品环充满时间、进样时间等在推荐值附近较宽的范围内对灵敏度影响不大，所以均设为推荐值。

（6）抗干扰实验

在测定大气或水中甲醇时，样品中常含有乙醇、丙酮等常见的挥发性有机物，本次实验人为添加乙醇、丙酮进行分析。结果表明，在合适的分析条件下，乙醇、丙酮不干扰甲醇的测定，具体如图 4-25 所示。

取已采集一定量含甲醇空气的样品分别用直接进样法和顶空法进行分析，结果表明，直接进样法由于柱流失大、水中有机物在进样口高温裂解等原因，会产生较多的杂峰，而顶空进样则干扰峰很少，具体如图 4-26 所示。

直接进样法分析实际样品具体如图 4-27 所示。

（7）方法线性

将配制的甲醇标准溶液用优化好的顶空进样器和气相色谱仪条件进行分析，峰高分别为 0.938pA、1.907pA、2.814pA、3.748pA、4.826pA，对检测结果进行线性分析，

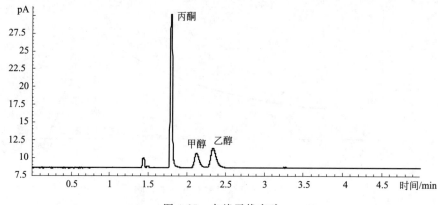

图 4-25 杂峰干扰实验

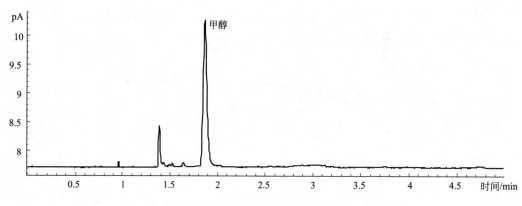

图 4-26 顶空法分析实际样品

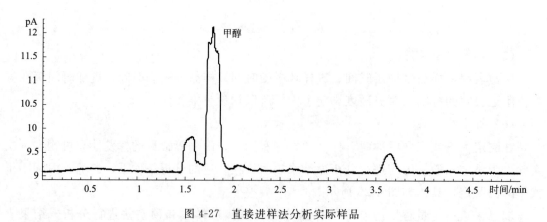

图 4-27 直接进样法分析实际样品

如图 4-28 所示。结果表明，该方法具有良好的线性。

（8）精密度和加标回收率

对某厂无组织排放样品（用蒸馏水吸收）进行实际样品测定。并在采集的水溶液中加入甲醇标准溶液，使水中甲醇加标浓度分别为 0.16mg/L、1.58mg/L、7.90mg/L 和实际样品一同分别检测 7 次，精密度和加标回收率计算结果见表 4-11。结果表明，本方法在实际样品的测定中具有较高的加标回收率和精密度。

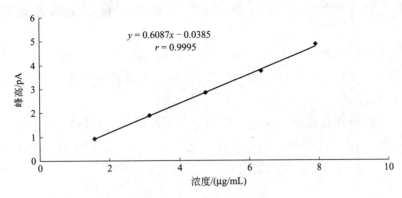

图 4-28 甲醇标准曲线图

表 4-11 精密度和加标回收率

样品/(mg/L)		测定浓度/(mg/L)							均值/(mg/L)	RSD/%	平均回收率/%
实际样品		1.05	1.15	1.04	1.06	1.17	1.10	1.04	1.09	5.4	—
加标量	0.16	1.25	1.29	1.27	1.22	1.32	1.25	1.24	1.26	2.7	110
	1.58	2.65	2.66	2.55	2.76	2.64	2.73	2.68	2.67	2.5	90.0
	7.90	8.90	9.20	9.08	9.04	8.98	9.05	8.83	9.01	1.4	82.3

(9) 检出限

按照样品分析的全部步骤，以含甲醇 0.16mg/L 的水溶液进行重复 7 次重复测定（见表 4-11），计算测定结果的标准偏差，按照公式（4-1）计算方法检出限。

$$MDL = t(n-1, 0.99)S \qquad (4-1)$$

式中 MDL——方法检出限；

n——样品平行测定的次数；

t——自由度为 $n-1$，置信度为 99% 时的 t 分布（单侧）；

S——n 次平行测定的标准偏差。

计算结果表明，该方法的检出限为 0.05mg/L，低于直接进样法 0.2mg/L 和现有文献中顶空法的最低检出限，满足《空气和废气监测分析方法（第四版增补版）》中吸收液（蒸馏水）中甲醇 0.4mg/L 的检出限要求。

4.5 腈类化合物

4.5.1 监测依据及检出限

①《固定污染源排气中丙烯腈的测定》（HJ/T 31—1999）气相色谱法。当采样体

积为 30L 时，方法的检出限为 0.2mg/m³。方法的定量测定浓度范围为 0.26～33.0mg/m³。

②《空气和废气监测分析方法》（第四版增补版）。

当采样体积为 60L，解析液体积为 2.0mL 时，最低检出浓度为 0.05mg/m³。本方法的检出限为 3ng/μL。

③《工作场所空气有毒物质测定　腈类化合物》（GBZ/T 160.68—2007）。

本方法的检出限：丙烯腈为 2μg/mL，乙腈为 3μg/mL。最低检出浓度丙烯腈为 0.27mg/m³，乙腈为 0.4mg/m³（以采集 7.5L 空气样品计）。

4.5.2　样品采集

4.5.2.1　采样仪器及设备

(1) 有组织排放采样仪器

① 活性炭吸附管。

② 流量计：能在 10～500mL/min 内精确测定流量，流量精度 2%。宜采用电子质量流量计。

③ 抽气泵：双通道无油采样泵，双通道能独立调节流量并能在 10～500mL/min 内精确保持流量，流量误差应在±5%内。

④ 连接管：聚四氟乙烯软管或内衬聚四氟乙烯薄膜的硅橡胶管。

(2) 无组织排放采样仪器

① 引气管：聚四氟乙烯软管，头部接一玻璃漏斗。

② 活性炭吸附管（同有组织排放用管）。

③ 流量计：能在 10～500mL/min 内精确测定流量，流量精度 2%。宜采用电子质量流量计。

④ 抽气泵：双通道无油采样泵，双通道能独立调节流量并能在 10～500mL/min 内精确保持流量，流量误差应在±5%内。

⑤ 连接管：聚四氟乙烯软管或内衬聚四氟乙烯薄膜的硅橡胶管。

4.5.2.2　样品采集和样品保存

(1) 样品采集

① 采样位置和采样点　按 GB 16157—1996 中 9.1.1 和 9.1.2 确定采样位置和采样点。

② 采样装置的连接　按采样管、样品收集装置（吸附管）、流量计量装置和抽气泵的顺序连接好采样系统，注意吸附管进口应垂直向上（见图 4-29），检查采样系统的气密性和可靠性，连接采样系统的连接管要尽可能短。

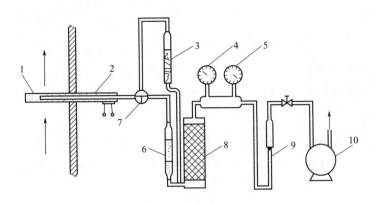

图 4-29 烟气采样系统

1—烟道；2—加热采样器；3—旁路吸附管；4—温度计；5—压力表；
6—吸附管；7—三通阀；8—干燥器；9—流量计；10—抽气泵

③ 样品采集 在采样管口塞适量玻璃棉，然后将其伸入至排气筒内的采样点位置，启动抽气泵，先使排气筒内的气体由旁路吸附管流通，以充分洗涤采样管路，然后再使排气通过吸附管，记录采样时间、温度和流量，采样完毕后应立即取下吸附管，用塑料帽盖将两端盖紧，带回实验室分析。

④ 采样管加热温度控制 采样管加热温度应以水气和样品不在采样管壁凝结为原则，但加热最高不得超过160℃。若排气温度接近常温，采样管也不必加热。

⑤ 采样流量 采样流量一般应控制在 0.3~1.0L/min 之间。当温度高于30℃时，采样流速应降低，不要超过 0.5L/min，以保证 B 段活性炭吸附量小于吸附总量的 2%。

⑥ 采样量 对每支活性炭吸附管，采样量应控制在二硫化碳解吸液中丙烯腈浓度为 10~400μg/mL。每支活性炭吸附管的最大采样量一般不超过 1.6mg，且 B 段活性炭吸附的丙烯腈应不超过被吸附丙烯腈总量的 2%。

(2) 样品空白

将活性炭管带至采样点，除不连接采样器采集空气样品外，其余操作同样品。采样后，立即封闭固体吸附剂管两端，置清洁容器内运输和保存。样品在室温下可保存5d。

4.5.3 方法原理

空气中的乙腈和丙烯腈用活性炭管采集，经二硫化碳溶剂解吸后进样，经色谱柱分离后进入氢焰离子化检测器（FID）检测以保留时间定性，峰高或峰面积定量。

4.5.4 样品分析

(1) 样品处理

将采过样的前后段活性炭分别倒入溶剂解吸瓶中，各加入 1.0mL 解吸液，封闭后振摇 1min，解吸 10min。解吸液供测定。若解吸液中待测物的浓度超过测定范围，可用解吸液稀释后测定，计算时乘以稀释倍数。

(2) 标准曲线的绘制

用解吸液稀释标准溶液成 0、20.0μg/mL、100.0μg/mL、200.0μg/mL 和 400.0μg/mL 乙腈标准系列和 0、10.0μg/mL、50.0μg/mL、100.0μg/mL 和 200.0μg/mL 丙烯腈标准系列。参照仪器操作条件，将气相色谱仪调节至最佳测定状态，进样 1.0μL，分别测定标准系列，每个浓度重复测定 3 次。以测得的峰高或峰面积均值对乙腈或丙烯腈浓度绘制标准曲线。

(3) 样品测定

用测定标准系列的操作条件测定样品和空白对照的解吸液；测得的样品峰高或峰面积值减去空白对照峰高或峰面积值后，由标准曲线得乙腈或丙烯腈的浓度。

4.5.5 典型气相色谱分析条件

(1) 乙腈分析条件

载气：氮气。

流量：60mL/min。

进样口温度：160℃。

柱温：150℃。

填充柱：材质为硬质玻璃，长 2.6mm，内径 5mm，内填充 GDX-502（80～100 目）。

检测器：FID。

检测器温度：170℃。

燃烧气：氢气，流量约 50mL/min。

助燃气：空气，流量约 500mL/min。

(2) 丙烯腈分析条件一

载气：氮气。

流量：25mL/min。

进样口温度：180℃。

柱温：165℃，保持 5min。

填充柱：材质为 Porapak Q 不锈钢填充柱，长 2m，内径 3mm。

检测器：FID。

检测器温度：260℃。

燃烧气：氢气，流量约 40mL/min。

助燃气：空气，流量约 350mL/min。

(3) 丙烯腈分析条件二

检测器：FID。

检测器温度：170℃。

载气：氮气。

流量：60mL/min。

汽化室温度：170℃。

柱温：150℃。

填充柱：柱内填充 GDX-502（80～100 目），2m×2.6mm 玻璃柱。

燃烧气：氢气，流量约 50mL/min。

助燃气：空气，流量约 500mL/min。

4.5.6　典型气相色谱图

腈类化合物色谱图如图 4-30 所示。

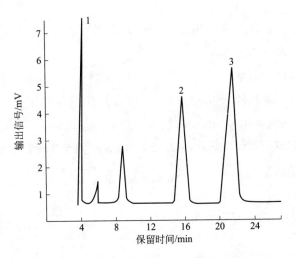

图 4-30　腈类化合物色谱图

1—丙烯；2—丙烯腈；3—乙腈

4.5.7　注意事项

① 二硫化碳沸点较低，极易挥发，在配制标准溶液和对样品进行解吸时，均应注意随时盖紧容器的磨口塞。

② 由于活性炭采样管的管径和填充物不同，造成采样管的流量和气阻不同，在采样前应对采样管逐个进行流量测定，从而获得准确的采样体积。

4.6 酚类化合物

4.6.1 基本原理

空气和废气中的酚类化合物经硅胶管采集，解吸后进样，色谱柱分离，氢焰离子化检测器检测，以保留时间定性，峰高或峰面积定量。

当采样体积为 $1m^3$，解析溶液定容至 10mL，进样量为 $1\mu L$ 时，检出限为 $0.01mg/m^3$。

4.6.2 仪器设备和试剂

(1) 硅胶管（丙酮解析型），内装 200mg/100mg 硅胶（也可用 GDX-502 吸收管，三氯甲烷解析）。

(2) 空气采样器，流量 $0\sim500mL/min$（高浓度）和 $0\sim10L/min$（低浓度）。

(3) 溶剂解吸瓶，5mL。

(4) 微量注射器，$10\mu L$。

(5) 气相色谱仪（氢焰离子化检测器）。仪器操作条件如下。

色谱柱：FFAP（也可用 innowax 代替）$30m\times0.25mm\times5\mu m$。

柱温：初温 70℃（保持 15min），以 12℃/min 升温至 190℃（保持 15min）。

汽化室温度：220℃。

检测室温度：300℃。

载气（氮气）流量：1.5mL/min。

(6) 试剂

酚类化合物标准溶液、丙酮（色谱纯）、三氯甲烷（色谱纯）。

4.6.3 样品采集、运输和保存

将吸附采样管的细口端与空气采样器相连，根据样品浓度以一定流量，采集气气体样品（视空气中酚浓度决定采样时间）。采样后，封闭采样管两端，待测。

空白样品除不连接采样器采集空气样品外，其余操作与样品相同。

采样后，立即封闭硅胶管两端，置清洁容器内运输和保存。在室温下至少可保存 10d。

4.6.4 样品前处理

将采好样的吸附采样管倾入解析装置，在常温下，用解析液浸泡 10min，然后用解析液以 1mL/min 流量淋洗并定容至 10mL 容量瓶中。取淋洗液 1～8μL 直接进样，测定样品溶液的保留时间及峰面积，以相对保留时间定性。根据样品溶液的色谱峰面积，选择接近该浓度的标准溶液进样测定，用单点校正方法，计算出样品中各酚组分的浓度。

4.6.5 典型气相色谱分析条件

载气：氮气。

进样口温度：220℃。

色谱柱：30m×0.25mm×5μm，FFAP 毛细管柱（或 innowax 及其他等效柱）。

柱流量：7mL/min。

柱温：70℃保持 15min，以 12℃/min 速率升温至 190℃，保持 15min。

检测器（FID）：检测器温度 300℃，燃烧气（氢气）40mL/min，助燃气（空气）350mL/min，尾吹气（氮气）。

4.6.6 典型气相色谱图及出峰顺序

C_6～C_8 八种酚混合标准色谱图如图 4-31 所示。

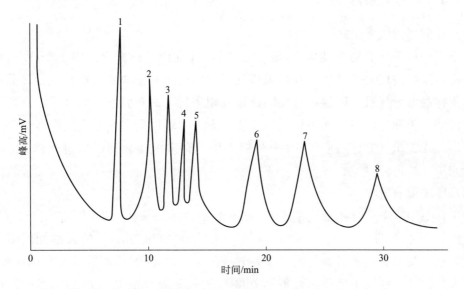

图 4-31 C_6～C_8 八种酚混合标准色谱图

5—对-甲酚；6—2,5-二甲酚；7—3,5-二甲酚；8—3,4-二甲酚

4.6.7 注意事项

① 直接进样分析样品，无组织排放样品应于 4h 内分析完毕；有组织排放样品应避光保存，于 48h 内分析完毕。

② 气体样品应平行测定 3 次，取 3 次平均值。

③ 采样时应注意防止采样管被穿透。

4.7 醛类化合物

4.7.1 方法一 低分子醛类化合物的测定

4.7.1.1 基本原理

高浓度气体用铝箔气袋或玻璃注射器采样，直接进样；低浓度样品用 TenaxU 型吸附富集管冷冻采样，热解析进样。经 GDX-502 填充色谱柱（或 PEG-600 填充柱、innowax 及类似毛细管色谱柱）分离，以火焰离子化检测器测定。保留时间定性，峰高外标法定量。

4.7.1.2 样品采集

(1) 注射器或气袋采样

当空气中醛类化合物浓度大于 $2mg/m^3$ 时，可直接采样测定。用 100mL 全玻璃注射器采样，采样前应先开动抽气泵，采排气筒内的气体充分洗涤采样装置各部分和注射器后采集样品，采气后注射器可直接用硅橡胶帽密封带回实验室，亦可将注射器中的气体打入气袋内带回实验室。如果排气筒负压不太大，可以用采气泵直接将样品打入铝箔采气袋内。无组织排放样品应于 4h 内分析完毕；有组织排放样品应避光保存，于 48h 内分析完毕。

(2) 冷冻浓缩采样

如果样品中醛类化合物浓度小于 $2mg/m^3$，必须浓缩采样。将用橡胶帽封口的 U 形吸附富集管（分 A 端和 B 端）在制冷剂中（－15℃）冷却 3min。在 A 端橡胶帽中插入一个注射器针头与大气相通。将两只取好气样的 100mL 注射器先后插入 B 端橡胶帽内，缓慢注入气样，注射完毕后取出注射器。将 U 形吸附富集管移入电加热器中，在吸附富集管的 A 端插入一支已排净气体的 2mL 注射器，在 150℃下加热 4min，任注射器自由膨胀。在吸附富集管 B 端插入一支 10mL 带有针头并充满氮气的注射器，同时推入少量氮气，使 A 端的 2mL 注射器内气体体积到 1.8mL 左右。移开加热器，冷却后再注入少量氮气，使 A 端的注射器内气体体积达到 2mL。取下带针头的注射器，排出 1mL 气体，剩余气体注入气相色谱仪分析。

4.7.1.3　气相色谱分析条件及出峰顺序

载气：氮气。

进样口温度：160℃。

柱流量：60mL/min。

柱温：140℃。

填充柱：材质为不锈钢或硬质玻璃，GDX-502 填充柱，或其他等效柱。

检测器：FID。

检测器温度：160℃。

燃气：氢气，流量约 50mL/min。

助燃气：空气，流量约 500mL/min。

尾吹气：氮气。

进样量：1.0～5.0mL。

典型气相色谱图如图 4-32 所示。

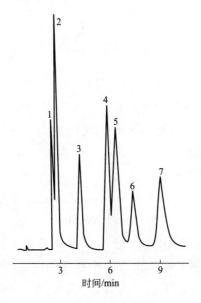

图 4-32　标准色谱图

1—甲醇 2.47min；2—乙醛 2.74min；3—乙醇 4.32min；4—丙烯醛 6.10min；
5—丙酮 6.75min；6—乙腈 7.83min；7—丙烯腈 9.68min

4.7.1.4　注意事项

① 直接进样分析样品，无组织排放样品应于 4h 内分析完毕；有组织排放样品应避

光保存，于 48h 内分析完毕。

② 气体样品应平行测定 3 次，取 3 次平均值。

③ 丙烯醛极易被氧化，采样后应尽快分析。

④ 乙醛为易燃易挥发危险品，不能直接加热，应用水浴加热。

⑤ 当用吸收液采样时，较高气温或长时间连续采样时，小分子样品已损失，需要采取适当的降温措施。

⑥ 吸收液体积明显减少的，应加相应吸收液，补足体积。

4.7.2　方法二　乙醛的测定

由于乙醛毒性大，分子量小，沸点低（−20.8℃），不易检测，在本节中单独论述。

4.7.2.1　基本原理

亚硫酸氢钠吸收法采集乙醛样品，乙醛与亚硫酸钠发生亲核加成反应，在中性溶液中生成稳定的羟基磺酸盐，然后转入顶空瓶中，加入碳酸钠溶液变成稀碱液，释放出乙醛，经自动顶空进样器注入气相色谱，用极性色谱柱分离，氢火焰离子化检测器测定。以保留时间定性，峰面积定量。

4.7.2.2　样品采集

(1) 有组织排放

有组织排放将采样管头部塞适量玻璃棉后，插入排气筒采样点，用一支内装 10g/L NaHSO$_3$ 溶液 5mL 的多孔玻板吸收管，以 0.3～0.5L/min 的流量采样。采样过程中调节夹套温度，以使水气不在管壁凝结。采样时间视乙醛浓度而定，记录采样流量、温度、压力及采样时间等。采样结束后，取下吸收管，密封其进、出口，带回实验室测定。

(2) 无组织排放

无组织排放样品采集用一支内装 10g/L NaHSO$_3$ 溶液 5mL 的多孔玻板吸收管，在常温下以 1.0L/min 的流量采样 100L 以上。同时记录采样温度、压力及采样时间，采样结束后，取下吸收管，密封其进、出口，带回实验室进行分析。采集好的样品应尽快分析，如不能及时分析，在常温下避光保存，至少可保存 6d。

当采样体积为 100L，进样量为 1μL 时，乙醛的检出限为 $4 \times 10^{-2} \, mg/m^3$，乙醛的线性测定浓度范围为 $0.14 \sim 30 mg/m^3$。

(3) 实验条件

① 仪器试剂

仪器：HP6890 气相色谱仪（FID 检测器）；HP7694E 顶空进样器；SGD-300 氮氢空气体发生器。

色谱柱：HP-INNOWAX 30m×0.32mm×0.5μm。

试剂：乙醛标准品（99.5%），硫酸钠（优级纯）。

② 气相色谱条件及色谱图

进样口：150℃，分流比1∶1。

柱温：60℃。

柱流量：2mL/min。

检测器：FID，220℃。

空气流量：400mL/min。

氢气流量：45mL/min。

尾吹气流量：15mL/min。

乙醛色谱图如图4-33所示。

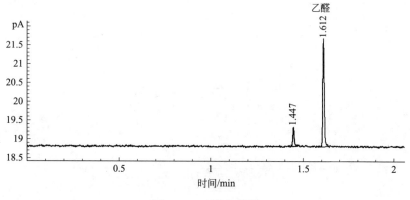

图 4-33　乙醛色谱图

③ 顶空进样器条件

顶空瓶温度：80℃。

顶空瓶压力：3psi。

加压时间：0.13min。

样品环温度：100℃。

传输线温度：100℃。

载气压力：12.5psi。

进样时间：0.5min。

(4) 操作步骤

① 标准曲线配制与分析　称取1g乙醛标准品加入1L容量瓶中，定容，配制成1000mg/L的乙醛储备溶液。用微量注射器从乙醛储备溶液中分别吸取0.5μL、2μL、5μL、10μL、20μL乙醛储备溶液注入盛有10mL去乙醛蒸馏水的20mL顶空瓶中，配制成0.05mg/L、0.20mg/L、0.50mg/L、1.00mg/L、2.00mg/L的乙醛标准溶液，加入4g Na_2SO_4，按上述气相色谱和顶空进样器条件进行分析。

② 精密度和检出限测定　按上述方法配制0.1mg/L的乙醛标准溶液，连续测定7

次，计算标准偏差和相对标准偏差，以 3 倍标准偏差作为方法检出限。

（5）讨论

① 自动顶空进样器条件选择　自动顶空进样器条件主要包括顶空瓶气液比、顶空瓶温度、顶空瓶平衡时间、顶空进样器载气压力、震荡程度和时间、样品瓶加压时间、进样环温度、进样环平衡时间、样品环充满时间、传输线温度、进样时间等。其中，气液比为 1∶1、顶空瓶平衡时间为 30min 与手动顶空相同。

② 顶空进样器载气压力　实验结果表明，样品峰高与载气压力成负相关（见图4-34）。由于气相色谱柱流量一定，分流流量由气相色谱载气和顶空载气组成，顶空载气压力越大，实际分流比越大，进入色谱柱的样品量越少。但当顶空载气压力低于气相色谱柱前压时，顶空进样器会因压力过低而无法进样。所以将顶空载气压力设为略高于气相色谱柱前压（12.3psi）的 12.5psi。

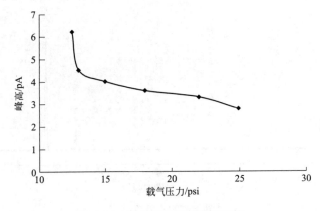

图 4-34　载气压力对峰高的影响

③ 顶空瓶压力　实验结果表明，当顶空瓶压力高于 3psi 时，样品峰高与顶空瓶压力呈负相关；当压力低于 3psi 时，样品峰高与顶空瓶压力呈正相关（见图 4-35）。因为加压对样品有稀释作用，所以会降低样品峰高；但如果压力设定过低；顶空瓶加热后压力增大，如果超过设定压力，不但无法加压，顶空瓶中的样品反而会溢出，同样会降低样品浓度。所以最佳瓶压为曲线的顶点（3psi）。

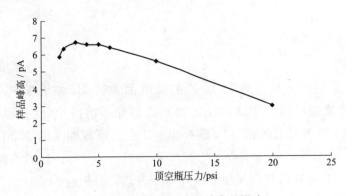

图 4-35　顶空瓶压力对峰高的影响

④ 样品环充满时间　理论上，样品环充满时间越长，样品浓度越低。但是，本次实验表明，乙醛峰高对样品环充满时间并不敏感（见表 4-12）。因此，样品环充满时间仍然采用仪器推荐的 0.15min。

表 4-12　样品环充满时间对峰高的影响

环充满时间/min	0.01	0.05	0.1	0.2	0.5	1.0
峰高/pA	5.74	5.79	5.9	5.92	5.82	5.87

⑤ 顶空瓶温度　由表 4-13 可以看出，样品峰高与顶空瓶温度呈正相关，提高顶空瓶温度可以提高方法灵敏度，但是温度高于 70℃ 时，手动顶空的气密性不易保持，而自动顶空则可以使用较高的瓶温。一般顶空法分析水样瓶温应低于水沸点 10℃ 以上，温度过高不仅增大瓶压而且水分含量增大，不利于色谱分析。所以，最终将顶空瓶温度定为 80℃。

表 4-13　顶空瓶温度对峰高的影响

瓶温/℃	50	60	70	80
峰高/pA	4.14	4.90	5.83	6.65

⑥ 方法线性　将乙醛标准品逐级稀释成 0.05mg/L、0.20mg/L、0.50mg/L、1.00mg/L、2.00mg/L 的标准系列。按优化好的气相色谱和顶空进样器条件检测，峰高分别为 0.451pA、1.519pA、3.618pA、6.705pA、13.120pA，然后对检测结果进行线性分析（见图 4-36）。

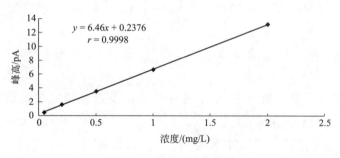

图 4-36　乙醛标准曲线图

4.7.3　方法三　甲醛的测定

4.7.3.1　适用范围

工业废气、环境空气和室内空气中甲醛的测定。

4.7.3.2　基本原理

甲醛气体经水吸收后，在 pH＝6 的乙酸-乙酸铵缓冲溶液中，与乙酰丙酮作用，在沸水浴条件下迅速生成稳定的黄色化合物，在波长413nm处测定。

4.7.3.3 最低检出浓度

本方法的检出限为0.25μg，在采样体积为30L时，最低检出浓度为0.008mg/m³。

4.7.3.4 试剂

除非另有说明，分析时均使用符合国家标准的分析纯试剂和制备的水。

① 不含有机物的蒸馏水：加少量高锰酸钾的碱性溶液于水中再行蒸馏即得（在整个蒸馏过程中水应始终保持红色，否则应随时补加高锰酸钾）。

② 吸收液：不含有机物的重蒸馏水。

③ 乙酸铵（CH_3COONH_4）。

④ 冰醋酸（CH_3COOH）：$\rho=1.055g/mL$。

⑤ 乙酰丙酮溶液，0.25%（V/V）：称25g乙酸铵，加少量水溶解，加3mL冰醋酸及0.25mL新蒸馏的乙酰丙酮，混匀再加水至100mL，调整pH=6.0，此溶液于2~5℃贮存，可稳定1个月。

⑥ 0.1000mol/L碘溶液：称量40g碘化钾，溶于25mL水中，加入12.7g碘。待碘完全溶解后，用水定容至1000mL。移入棕色瓶中，暗处贮存。

⑦ 氢氧化钠（NaOH）。

⑧ 1mol/L氢氧化钠溶液：称量40g氢氧化钠，溶于水中，并稀释至1000mL。

⑨ 0.5mol/L硫酸溶液：取28mL浓硫酸（$\rho=1.84g/mL$）缓慢加入水中，冷却后，稀释至1000mL。

⑩ 1+5硫酸：取40mL浓硫酸（$\rho=1.84g/mL$）缓慢加入200mL水中，冷却后待用。

⑪ 0.5%淀粉指示剂：将0.5g可溶性淀粉，用少量水调成糊状后，再加入100mL沸水，并煮沸2~3min至溶液透明。冷却后，加入0.1g水杨酸或0.4g氯化锌保存。

⑫ 重铬酸钾标准溶液：$c(1/6K_2Cr_2O_7)=0.1000mol/L$。

准确称取在110~130℃烘2h，并冷至室温的重铬酸钾2.4516g，用水溶解后移入500mL容量瓶中，用水稀释至标线，摇匀。

⑬ 硫代硫酸钠标准滴定溶液：$c(Na_2S_2O_3 \cdot 5H_2O)\approx0.10mol/L$。

称取12.5g硫代硫酸钠溶于煮沸并放冷的水中，稀释至1000mL。加入0.4g氢氧化钠，贮于棕色瓶内，使用前用重铬酸钾标准溶液标定，其标定方法如下。

于250mL碘量瓶内，加入约1g碘化钾及50mL水，加入20.0mL重铬酸钾标准溶液，加入5mL硫酸溶液（4.10），混匀，于暗处放置5min。用硫代硫酸钠溶液滴定，待滴定至溶液呈淡黄色时，加入1mL淀粉指示剂，继续滴定至蓝色刚好退去，记下用量（V_1）。

硫代硫酸钠标准滴定溶液浓度c_1（mol/L），由式（4-2）计算：

$$c_1 = \frac{c_2 V_2}{V_1} \qquad (4\text{-}2)$$

式中　c_1——硫代硫酸钠标准滴定溶液浓度，mol/L；

　　　c_2——重铬酸钾标准溶液浓度，mol/L；

　　　V_1——滴定时消耗硫代硫酸钠溶液体积，mL；

　　　V_2——取用重铬酸钾标准溶液体积，mL。

⑭ 甲醛标准使用溶液：用时取甲醛标准贮备液，用吸收液稀释成 5.00μg/mL 的甲醛标准使用溶液，配置标准曲线溶液，标准使用溶液和标准曲线溶液应现用现配。

4.7.3.5　仪器

① 空气采样器。

② 皂膜流量计。

③ 气泡吸收管：10mL；采工业废气时，用多孔玻板吸收管 50mL 或 125mL，采样流量 0.5mL/min 时，阻力为 6.7kPa±0.7kPa，当管吸收率大于 99%。

④ 具塞比色管：10mL，带 5mL 刻度，经校正；浓度高时，改用 25mL，带 10mL、250mL 刻度。

⑤ 分光光度计。

⑥ 空盒气压表。

⑦ 水银温度计：0~100℃。

⑧ pH 酸度计。

⑨ 水浴锅。

4.7.3.6　样品的采集和保存

日光照射能使甲醛氧化，因此在采样时选用棕色吸收管，在样品运输和存放过程中，都应采取避光措施。棕色气泡吸收管装 5mL 吸收液，以 0.5~1.0L/min 的流量，采气 45min 以上。采集好的样品于室温避光贮存，2d 内分析完毕。

(1) 校准曲线的绘制

取 7 支 10mL 具塞比色管，按表 4-14 用甲醛标准使用液配制标准系列[①]

表 4-14　甲醛标准使用液配制标准

管号	0	1	2	3	4	5	6
甲醛(5.00μg/mL)/mL	0.0	0.1	0.4	0.8	1.2	1.6	2.00
甲醛/μg	0.0	0.5	2	4	6	8	10

① 当浓度较高，改用 25mL 比色管时，应适当改变标准溶液的取样量。

于上述标准系列中，用水稀释定容至 5.0mL 刻线，加 0.25% 乙酰丙酮溶液 2.0mL，混匀，置于沸水浴中加热 3min，取出冷却至室温，用 1cm 吸收池（比色皿），以水为参比，于波长 413nm 处测定吸光度。将上述系列标准溶液测得的吸光度 A 值扣除试剂空白（零浓度）的吸光度 A_0 值，便得到校准吸光度 y 值，以校准吸光度 y 为纵坐标，以甲醛含量 $x(\mu g)$ 为横坐标，用最小二乘法计算其回归方程式。注意"零"浓度不参与计算。

$$y=bx+a \tag{4-3}$$

式中　a——校准曲线截距；

　　　b——校准曲线斜率。

由斜率倒数求得校准因子：$B_s=1/b$。

(2) 样品测定

取 5mL 样品溶液试样（吸取量视试样浓度而定）于 10mL 比色管中，用水定容至 5.0mL 刻线，以下步骤按（1）进行分光光度测定。

(3) 空白试验

现场未采样空白吸收管的吸收液按（1）进行空白测定。

4.7.3.7　结果表示

(1) 计算公式

试样中甲醛的吸光度 y 用式（4-4）计算。

$$y=A_s-A_b \tag{4-4}$$

式中　A_s——样品测定吸光度；

　　　A_b——空白试验吸光度。

试样中甲醛含量 x（μg）用式（4-5）计算：

$$x=\frac{y-a}{b}\frac{V_1}{V_2} \quad \text{或} \quad x=(y-a)B_s\frac{V_1}{V_2} \tag{4-5}$$

式中　V_1——定容体积，mL；

　　　V_2——测定取样体积，mL。

空气中甲醛浓度 $c(\mathrm{mg/m^3})$ 用式（4-6）计算：

$$c=\frac{x}{V_{nd}} \tag{4-6}$$

式中　V_{nd}——所采气样在标准状态下的体积，L。

(2) 精密度和准确度

经 6 个实验室分析含甲醛 2.96mg/L 和 3.55mg/L 的两个统一样品，重复性标准偏差为 0.035mg/L 和 0.028mg/L，重复性相对标准偏差为 1.2% 和 0.79%，再现性标准偏差 0.068mg/L 和 0.13mg/L，再现性相对标准偏差为 2.3% 和 3.6%，加标回收率为 100.3%～100.8%。在 4 个实验室分析中加标回收率为 95.3%～104.2%。

4.7.3.8　干扰

当甲醛浓度为 20μg/10mL 时，共存 8mg 苯酚（400 倍），10mg 乙醛（500 倍），600mg

铵离子（30000 倍）无干扰影响；共存 SO_2 小于 $20\mu g$，NO_x 小于 $50\mu g$，甲醛回收率不低于 95％。

4.8　有机胺类化合物

4.8.1　监测依据及检出限

①《空气质量　三甲胺的测定　气相色谱法》（GB/T 14676—93）。当采样体积为 10L 时，方法最低检出浓度为 $2.5\times10^{-3}\,mg/m^3$。

②《工作场所空气有毒物质测定-脂肪族胺类化合物》（GBZ/T 160.54—2004）。

4.8.2　采样仪器及设备

① 硅胶管，溶剂解吸型，内装 200mg/100mg 硅胶。

② 空气采样器，流量 0～500mL/min。

4.8.3　样品的采集、运输和保存

(1) 样品采集

在采样点，打开硅胶管两端，以 100mL/min 流量采集 15min 空气样品。

(2) 样品空白

将硅胶管带至采样点，除不连接采样器采集空气样品外，其余操作同样品。

采样后，立即封闭硅胶管两端，置清洁容器内运输和保存。样品在室温下至少可保存 5d。

当采样体积为 10L，进样量为 1～2mL 时，三甲胺的检出限为 $2.5\times10^{-3}\,mg/m^3$。

4.8.4　方法原理

采用涂着草酸的玻璃微珠作为吸附剂，装填在采样管中，用于采集恶臭污染源排气和厂界环境空气中的三甲胺。通过向采样管中注入饱和氢氧化钾溶液和氮气，使采集的三甲胺游离成气态并进入经真空处理的 100mL 解吸瓶中，取瓶内气体 1～2mL 直接注入气相色谱仪，根据三甲胺的色谱峰面积（或峰高）对其进行定量分析。

4.8.5 样品分析

(1) 对照试验

将硅胶管带至采样点，除不连接采样器采集空气样品外，其余操作同样品，作为样品的空白对照。

(2) 样品处理

将采过样的前后段硅胶分别倒入溶剂解吸瓶中，加入 2.0mL 硫酸溶液，封闭后，超声解吸 20min；于 300r/min 离心 10min；取 0.5mL 上清液于试管中，加 0.5mL 氢氧化钠溶液，摇匀，供测定。若样品液中待测脂肪族胺的浓度超过测定范围，可用双蒸馏水稀释后测定，计算时乘以稀释倍数。

(3) 标准曲线的绘制

用双蒸馏水稀释标准溶液配制成表 4-15 的标准系列。

表 4-15 标准系列 单位：$\mu g/mL$

管 号	0	1	2	3	4
三甲胺	0	50	100	150	200
乙 胺	0	130	260	520	1300
二乙胺	0	25	50	150	250
三乙胺	0	50	100	150	200
乙二胺	0	200	400	500	600
丁 胺	0	30	60	90	120
环己胺	0	25	100	200	300

参照仪器操作条件，将气相色谱仪调节至最佳测定状态，进样 2.0μL，测定各标准系列；每个浓度重复测定 3 次。以峰高或峰面积均值对相应的待测物浓度 （$\mu g/mL$）绘制标准曲线。

(4) 样品测定

用测定标准系列的同样条件测定样品和空白对照的解吸液，测得的样品峰高或峰面积值减去空白对照峰高或峰面积值后，由标准曲线得样品中三甲胺、乙胺、二乙胺、三乙胺、乙二胺、丁胺或环己胺的浓度 （$\mu g/mL$）。

4.8.6 典型气相色谱分析条件

载气：氮气 （99.999%），质谱载气为纯度大于 99.999% 的氦气。

进样口温度：180℃。

柱流量：60mL/min。

柱温：130℃。

填充柱：材质为不锈钢或硬质玻璃，PEG-20 填充柱，或其他等效柱。

检测器：FID （FPD 或 MSD）。

检测器温度：180℃。

燃烧气：氢气，流量约 60mL/min。

助燃气：空气，流量约 500mL/min。

尾吹气：氮气（99.999%）。

4.8.7 典型气相色谱图

一般有机胺类出峰顺序为：一甲胺、二甲胺、三甲胺（见图 4-37）；但有时三甲胺出峰早于二甲胺（见图 4-38）。

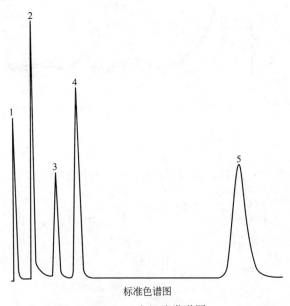

图 4-37 有机胺类谱图

1—氨；2——甲胺；3—二甲胺；4—三甲胺；5—乙胺

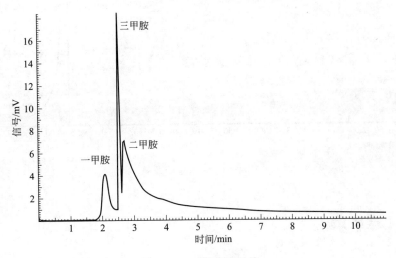

图 4-38 三甲胺峰提前

当有机胺类样品浓度较低时，信号衰减会很快，即样品峰本来比较高，稀释几倍后样品就未检出。而且低浓度样品峰拖尾就显得非常严重，不利于定量。如图 4-39 所示。

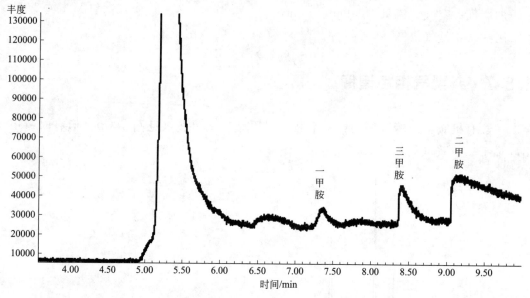

图 4-39　低浓度峰拖尾

由于有机胺类化合物极性强、样品拖尾严重，当样品浓度较高时，二甲胺和三甲胺容易发生峰重叠。如图 4-40 所示。

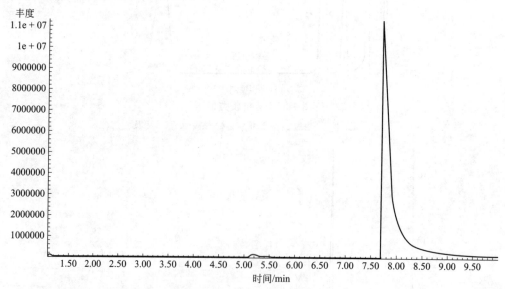

图 4-40　高浓度峰重叠

4.8.8　注意事项

① 采用涂着草酸的玻璃微珠作为吸附剂，填装在吸附采样管。一端与空气采样器

相连，采集 10L 空气样品。采完后应立即密封采样管两端，并在 1 周内分析。

② 气体样品应平行测定 3 次，取 3 次平均值。

③ 气体进样器必须保证良好的气密性，内表面应用碱液处理。

④ 饱和氢氧化钠溶液使用前，应通入一段时间氮气赶出杂质。

4.9 有机硫类化合物（恶臭气体、甲硫醇、甲硫醚等）

4.9.1 监测依据及检出限

①《空气质量 硫化氢、甲硫醇、甲硫醚和二甲二硫的测定 气相色谱法》（GB/T 14678—93）。

火焰光度检测器（FPD）对 4 种成分的检出限为 $0.2\times10^{-3}\sim1.0\times10^{-3}$ g，当气体样品中 4 种成分浓度高于 $1.0\,mg/m^3$ 时，可取 $1\sim2mL$ 气体样品直接注入气相色谱仪分析。若浓度较低，需对 1L 气体样品进行浓缩，4 种成分的方法检出限在 $0.2\times10^{-3}\sim1.0\times10^{-3}\,mg/m^3$ 范围内。

②《空气和废气监测分析方法》（第四版增补版）。

采样方式同《空气质量 硫化氢、甲硫醇、甲硫醚和二甲二硫的测定 气相色谱法》，（GB/T 14678—93）若浓度高于 1×10^{-6}，可直接进样 $1\sim2mL$；若低于 1×10^{-6}，应当低温浓缩富集后热解析进样。当采样体积为 1L 时，硫化氢、甲硫醇、甲硫醚和二甲二硫的检出限为 $0.2\times10^{-3}\sim1.0\times10^{-3}\,mg/m^3$。

4.9.2 采样仪器及设备

(1) 采气瓶

① 1L 采气瓶［见图 4-41(a)］。采气瓶内表面以 $0.02mol/L$ 磷酸-丙酮溶液涂渍后，烘干。

② 采样前，按图 4-41(b) 的方式将瓶内气体排出，使真空度接近负 $1.0\times10^5\,Pa$。

(2) 气袋采样装置

① 气袋采样装置如图 4-41(c) 所示。

② 图 4-41 中的真空箱由有机玻璃黏合，可打开的上盖与箱体接触部位加有密封垫，采样时打开上盖装入采样袋并按图 4-41 方式连接，采样时用手按住上盖表面，保持箱内负压至采气结束。通过控制阀控制采样袋的充气速度。

③ 图 4-41 中采样袋为 10L 聚酯袋。

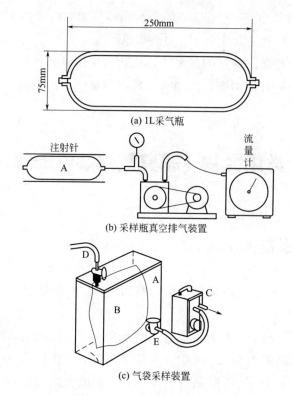

(a) 1L采气瓶

(b) 采样瓶真空排气装置

(c) 气袋采样装置

图 4-41 采样仪器及设备

A—真空箱；B—聚酯采气袋；C—抽气泵；D—与采样管连接导管；E—气量控制阀

④ 图 4-41 中的样品气体导管由玻璃管和聚四氟乙烯管两部分构成，根据采样现场操作条件尽可能缩短导管长度。

4.9.3 样品的采集、运输和保存

(1) 采气瓶采样

① 环境气体样品和无组织排放源臭气样品用经真空处理的采气瓶采集。

② 采样时应注意风向和臭气强度的变化，应选择下风向指定位置恶臭气味最有代表性时采样，同一样品应平行采集 2~3 个。

③ 采样时拔出真空瓶一侧的硅橡胶塞，使瓶内充入样品气体至常压，随即以硅橡胶塞塞住入气孔，将瓶避光运回实验室，样品需在 24h 内分析。

(2) 采样袋采气

① 对于排气筒内臭气样品应以采样袋进行采集。

② 按图 4-41(c) 的方式在排气筒取样口侧安装采样装置。

③ 启动抽气泵，用排气筒内气体将采样袋清洗 3 次后，在 1~3min 内使样品气体充满采样袋。

④ 采样袋避光运回实验室分析。

4.9.4　方法原理

本方法以经真空处理的 1L 采气瓶采集无组织排放源恶臭气体或环境空气样，以聚酯塑料袋采集排气筒内恶臭气体样品。硫化物含量较高的气体样品可直接用注射器取祥 1～2mL，注入安装火焰光度检测器（FPD）的气相色谱仪分析。当直接进样体积中硫化物绝对量低于仪器检出限时，则需以浓缩管在以液氧为制冷剂的低温条件下对 1L 气体样品中的硫化物进行浓缩，浓缩后将浓缩管连入色谱仪分析系统并加热至 100℃，使全部浓缩成分流经色谱柱分离，由 FPD 对各种硫化物进行定量分析。在一定浓度范围内，各种硫化物含量的对数与色谱峰高的对数成正比。

4.9.5　典型气相色谱分析条件

(1) 典型分析条件一

载气：氮气。

进样口温度：150℃。

柱流量：70mL/min。

柱温：70℃。

填充柱：材质为硬质玻璃，25%β，β-氧二丙腈填充柱，或其他等效柱。

检测器：FPD。

检测器温度：200℃。

燃烧气：氢气，流量约 60mL/min。

助燃气：空气，流量约 50mL/min。

(2) 典型分析条件二

载气：氮气。

进样口温度：110℃。

柱流量：60mL/min。

柱温：75℃。

色谱柱：材质为 3m×4mm 玻璃柱，经磷酸溶液（10mol/L）浸泡过夜。β，β-氧二丙腈：201 红色硅烷化担体＝25：100，或其他等效柱。

检测器：FPD。

检测器温度：110℃。

4.9.6　典型气相色谱图

气相色谱图如图 4-42 所示。质谱图如图 4-43 所示。

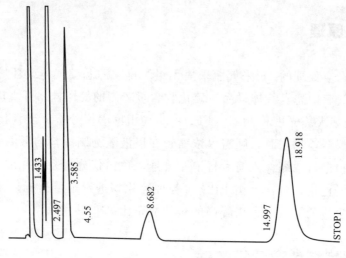

图 4-42 气相色谱图

按出峰顺序各峰成分为 H_2S、CS_2、CH_2SH、
$(CH_3)_2S$、C_6H_6、$(CH_3)_2S_2$

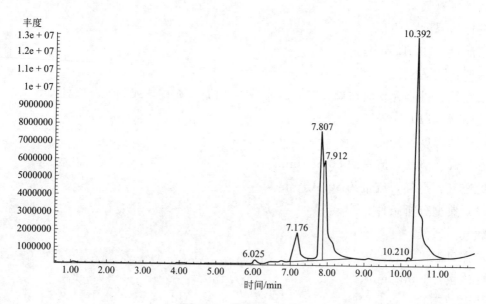

图 4-43 质谱图 (TIC)

4.9.7 注意事项

① 浸渍玻璃纤维滤纸制法：将玻璃纤维滤纸放入乙酸汞溶液中浸透，然后取出在暗处晾干。

② 气体样品应平行测定 3 次，取 3 次平均值。

③ 每批滤膜必须测定其洗脱效率。

④ 采样后，将滤纸的接尘面朝里对折 2 次后，置清洁容器内避光运输和保存。样品在室温下避光保存可稳定 7d。

⑤ 硫化氢、甲硫醇等标准试剂的存放温度为＜－20℃。苯、二硫化碳、硫化氢为剧毒物质，容易经呼吸、皮肤吸入使人中毒。

4.10 活性炭吸附-GC 法测定醇、酯类

4.10.1 方法原理

用活性炭采样管吸附采集典型制药行业固定污染源废气以及厂界空气中的特征挥发性有机物，即丙酮、乙醇、正丁醇、异丙醇、乙酸乙酯、乙酸丁酯、苯和甲苯，样品使用二硫化碳（CS_2）解吸之后用带有氢火焰离子化检测器（FID）的毛细管柱气相色谱仪进行测定。根据保留时间进行定性，峰面积进行定量。

4.10.2 仪器和试剂

(1) 仪器

① 十万分之一天平：XS105Du 电子分析天平，瑞士梅特勒公司。

② 采样管：GH-1 型活性炭采样管，南京大博环境监测科技有限公司，$6 \times 80mm$，溶剂解吸型，分 A、B 段，A 段 100mg 活性炭，B 段 50mg 活性炭。

③ 空气发生器：SPB-3 全自动空气源，北京中惠普分析技术研究所。

④ 气相色谱仪：Agilent 6890N，美国安捷伦科技有限公司，FID 检测器。

⑤ 色谱柱：Agilent 19091N-133 HP-INNOWAX 毛细柱，柱长 30m，内径 $250\mu m$，膜厚 $0.25\mu m$。

⑥ 微量注射器：$5\mu L$，$10\mu L$，$100\mu L$，美国安捷伦科技有限公司。

⑦ 解吸试管：5mL，具塞刻度试管。

(2) 试剂

① 高纯氮气：纯度大于 99.999%。

② 氢气：纯度大于 99.999%。

③ 目标化合物：丙酮、异丙醇、乙酸乙酯、乙酸丁酯均为色谱纯，乙醇、正丁醇均为优级纯，二硫化碳中苯（$1000\mu g/mL$），二硫化碳中甲苯（$1000\mu g/mL$）。

④ 二硫化碳：色谱纯。

⑤ 标准贮备溶液：10mL 容量瓶中加入 5mL 的二硫化碳，在恒温恒湿（25℃，相

对湿度50%）条件下准确称重后，向其中依次加入丙酮7.78mg、乙酸乙酯8.80mg、异丙醇7.81mg、乙醇7.86mg、乙酸丁酯8.78mg、正丁醇8.10mg、乙酸21.00mg，用二硫化碳定容至刻度线，得到标准贮备溶液，各物质浓度依次为：丙酮778μg/mL、乙酸乙酯880μg/mL、异丙醇781μg/mL、乙醇786μg/mL、乙酸丁酯878μg/mL、正丁醇810μg/mL、乙酸2100μg/mL；另有二硫化碳中苯（1000μg/mL）和二硫化碳中甲苯（1000μg/mL）的标准物质。

4.10.3 实验方法

4.10.3.1 样品采集

（1）固定污染源废气采样

按照《固定污染源排气中颗粒物和气态污染物采样方法》（GB/T 16157—1996）和《固定源废气监测技术规范》（HJ/T 397—2007）的要求进行布点和采样准备。采样现场将活性炭采样管两端敲开，用连接管将采样管A端与仪器的采样管连接，B端与仪器的流量计量箱和抽气泵连接，以0.2~0.6L/min的流量采气5~20min。采样完毕马上用硅胶帽将采样管两端密封，尽快送回实验室进行分析。

采样时详细记录样品信息，包括采样流量、采样时间、采样标况体积等。

（2）厂界无组织排放采样

按照《大气污染物无组织排放监测技术导则》（HJ/T 55—2000）的要求进行布点，按照《环境空气手工监测技术规范》（HJ/T 194—2005）的要求进行采样准备，采样现场将活性炭采样管两端敲开，用连接管将采样管B端与采样仪器相连，以0.2~0.6L/min的流量采气1~2h，采样时保持采样管垂直向上。采样完毕，马上用硅胶帽将采样管两端密封，尽快送回实验室进行分析。

记录采样时的采样流量、采样时间和气象参数（气温、气压、风速、风向等）。

（3）现场空白样品的采集

将活性炭采样管带到采样现场，敲开两端后不进行抽气采样，之后用硅胶帽密封，同采集样品的采样管一同存放并带回实验室进行分析。固定污染源废气和厂界无组织排放，采集样品的同时都需要采集现场空白样品。

（4）样品保存

采集完毕的活性炭采样管用硅胶帽将吸附管两端密封，避光保存，室温下24h内进行实验室分析。否则应放入密闭容器中，−20℃保存，保存期限为7d。

4.10.3.2 样品预处理与分析

（1）样品解吸

将活性炭采样管的A段和B段分别取出，放入磨口具塞试管中，再向试管中准确加入 1.00mL 二硫化碳，盖紧塞子，振摇 1min，解吸 30min。摇匀，解吸液转移至气相进样小瓶，准备用气相色谱仪进行测定。

（2）气相色谱分析条件

柱温：35℃保持 6min，以 40℃/min 速率升温至 200℃，保持 2min。

柱流量：1.0mL/min。

进样口温度：250℃。

检测器温度：300℃。

尾吹气流量：25mL/min。

氢气流量：30mL/min。

空气流量：300mL/min。

进样量：1μL。

（3）标准物质气相色谱图

对混合标准物质进行气相色谱分析得到如图 4-44 所示的色谱图，并分别分析单一目标化合物的标准物质，得到各个目标化合物的响应时间，依次为：3.449min——丙酮，4.613min——乙酸乙酯，5.541min——异丙醇，5.689min——乙醇，5.856min——苯，7.789min——甲苯，8.320min——乙酸丁酯，9.189min——正丁醇。

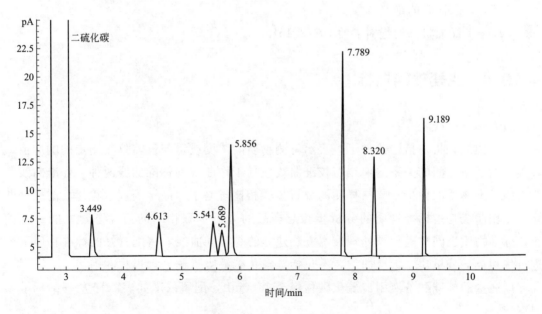

图 4-44　标准物质气相色谱图

（4）样品分析

待测解吸液按照（2）中的测定条件进行仪器测定，同时进行空白样品的测定。根据保留时间进行目标化合物的定性分析；根据峰面积，利用校准曲线（外标法）进行定量分析。

（5）样品计算

样品中目标化合物的浓度，按照式(4-7) 进行计算。

$$C = \frac{(C_1 + C_2 - C_0)v}{V_{nd}D}$$ (4-7)

式中 C——样品中被测组分质量浓度，mg/m^3；

C_1、C_2——根据校准曲线得出的 A、B 段样品解吸液的质量浓度，$\mu g/mL$；

C_0——空白样品解吸液的质量浓度，$\mu g/mL$；

v——解吸液体积，mL；

V_{nd}——标准状态下样品的采样体积，L；

D——解吸效率，%。

其中，固定污染源废气采样体积 V_{nd} 可由采样仪器直接读出，厂界无组织排放的 V_{nd} 可由式(4-8) 计算得到：

$$V_{nd} = V\frac{PT_0}{P_0 \times T}$$ (4-8)

式中 V——采样体积，L；

P——采样时的大气压力，kPa；

P_0——标准状态的大气压力，101.325kPa；

T——采样时的绝对温度，K；

T_0——标准状态的绝对温度，273.15K。

4.10.4 主要性能指标

(1) 标准曲线

校准曲线是指在指定条件下，表示待测物质的浓度或量与仪器仪表测定的响应值或者其他指示量之间的关系的曲线。校准曲线包括工作曲线和标准曲线两种。标准曲线一般是指标准物质的分析步骤与样品的分析步骤相比省略了样品预处理过程建立的校准曲线；工作曲线是指标准物质的分析步骤与样品的分析步骤相同的情况下建立的标准曲线，标准物质也同样进行预处理。本方法建立的是标准曲线，将配置好的标准物质溶液进行气相色谱分析建立标准曲线，不包括二硫化碳解吸等预处理过程在内。

取适量的标准贮备液用二硫化碳稀释至 1.00mL，配置浓度如表 4-16 所列的标准系列溶液。

表 4-16 目标化合物的标准系列

物质	标准系列浓度/(μg/mL)					
	1	2	3	4	5	6
丙酮	0.778	1.56	3.89	7.78	11.7	15.6
乙酸乙酯	0.880	1.76	4.40	8.80	13.2	17.6
异丙醇	0.781	1.56	3.91	7.81	11.7	15.6

续表

物质	标准系列浓度/(μg/mL)					
	1	2	3	4	5	6
乙醇	0.786	1.57	3.93	7.86	11.8	15.7
苯	1.00	2.00	5.00	10.0	15.0	20.0
甲苯	1.00	2.00	5.00	10.0	15.0	20.0
乙酸丁酯	0.878	1.76	4.39	8.78	13.2	17.6
正丁醇	0.810	1.62	4.05	8.10	12.2	16.2

将配置好的标准系列溶液用气相色谱仪进行测定，并以峰面积为纵坐标，以各目标挥发性有机物的浓度为横坐标绘制标准曲线。各组分标准曲线及相关系数如图4-45所示。各物质的标准曲线在选定的浓度范围内线性关系良好，相关系数 R^2 均达到 0.999 以上。

(2) 精密度

在标准系列的测定范围内选择低、中、高三个浓度点，分别进行 6 次测定，根据测定结果计算低、中、高 3 个浓度点的标准偏差和相对标准偏差，计算公式见式(4-9) 和式(4-10)。

$$SD = \sqrt{\frac{\sum(x_i - \overline{x})^2}{n-1}} \qquad (4-9)$$

$$RSD = \frac{SD}{\overline{x}} \times 100\% \qquad (4-10)$$

式中　SD——标准偏差，μg/mL；

　　RSD——相对标准偏差，%；

　　　x_i——第 i 个测定结果，μg/mL；

　　　$\overline{x}$——测定结果的平均值，μg/mL；

　　　n——测定结果的个数。

计算结果见表 4-17。各挥发性有机物在测定浓度下的相对标准偏差为 1.0%～3.2%，精密度良好。

(3) 样品回收率

回收率的测定常用的有标准物质测定法和加标回收率测定法。标准物质测定法即是将已知量的标准待测物质进行测定，并按式(4-11)计算回收率；标准物质测定法考察的主要是仪器测定阶段的回收率，并不包含采样和样品预处理阶段的回收率。加标回收率一般是通过以下方式来进行测定：在测定样品的同时，向此样品的子样中加入合适量的标准物质进行测定，将加入了标准物质的子样的测定结果减去样品的测定值，并与标准物质加入量相比较从而得到加标回收率，按式(4-12)计算回收率；加标回收率考察的是整个分析过程的回收率，包括采样和样品处理、测定全过程。

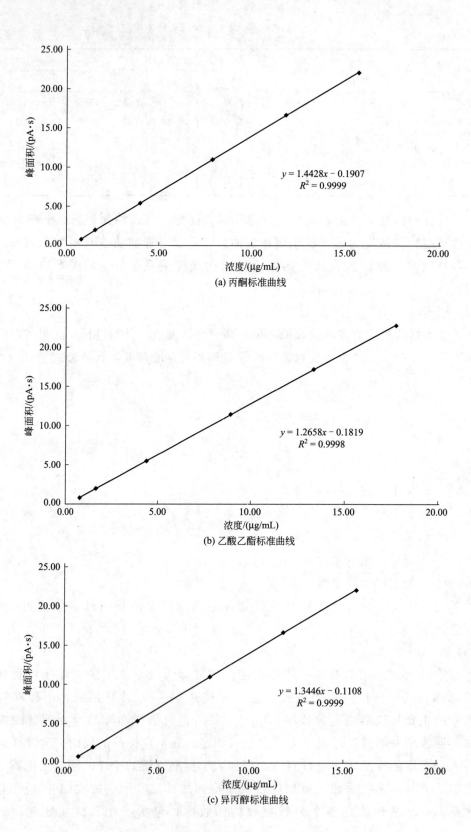

(a) 丙酮标准曲线

(b) 乙酸乙酯标准曲线

(c) 异丙醇标准曲线

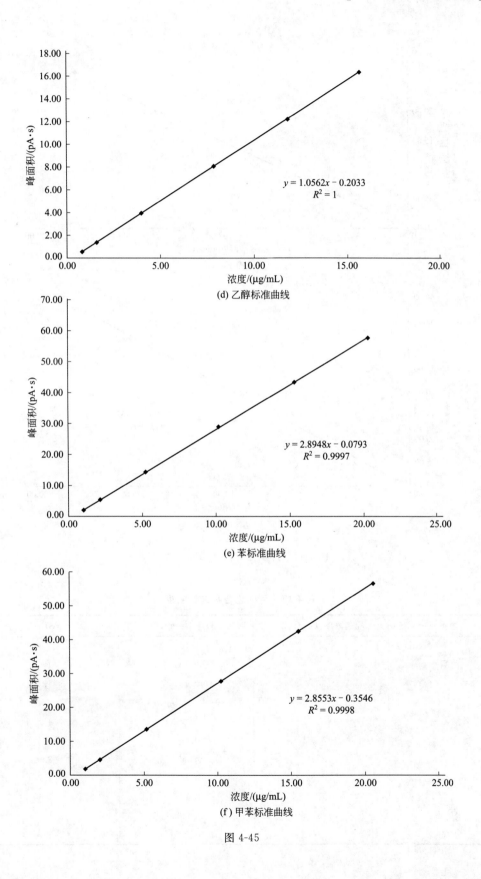

(d) 乙醇标准曲线

$y = 1.0562x - 0.2033$
$R^2 = 1$

(e) 苯标准曲线

$y = 2.8948x - 0.0793$
$R^2 = 0.9997$

(f) 甲苯标准曲线

$y = 2.8553x - 0.3546$
$R^2 = 0.9998$

图 4-45

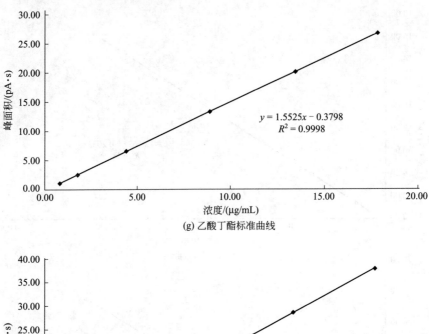

(g) 乙酸丁酯标准曲线

$y = 1.5525x - 0.3798$
$R^2 = 0.9998$

(h) 正丁醇标准曲线

$y = 2.1482x - 0.4526$
$R^2 = 0.9997$

图 4-45 挥发性有机物标准曲线图

表 4-17 目标化合物的精密度

物质	配制浓度/(μg/mL)	SD/(μg/mL)	RSD/%
丙酮	1.56	0.0247	1.6
	7.78	0.131	1.7
	15.6	0.167	1.1
乙酸乙酯	1.76	0.0557	3.2
	8.80	0.159	1.8
	17.6	0.268	1.5
异丙醇	1.56	0.0455	2.9
	7.81	0.136	1.7
	15.6	0.174	1.1
乙醇	1.57	0.0268	1.7
	7.86	0.135	1.0

物质	配制浓度/(μg/mL)	SD/(μg/mL)	RSD/%
	15.7	0.227	1.4
	2.00	0.0390	2.0
苯	10.0	0.206	2.1
	20.0	0.376	1.9
	2.00	0.0563	2.8
甲苯	10.0	0.253	2.5
	20.0	0.386	1.9
	1.76	0.0409	2.3
乙酸丁酯	8.78	0.220	2.5
	17.6	0.338	1.9
	1.62	0.0469	2.9
正丁醇	8.10	0.162	2.0
	16.2	0.255	1.6

$$回收率 = \frac{测定浓度}{实际浓度} \times 100\% \tag{4-11}$$

$$回收率 = \frac{加标样品测定值 - 样品测定值}{加标量} \times 100\% \tag{4-12}$$

由于本研究采集气体样品的准确度难以确定，并且样品预处理阶段的回收率与解吸效率的概念重合，所以用标准物质测定法来进行回收率测定，仅考察样品的仪器测定阶段的回收率。

考察一个分析方法的回收率，一般需要进行低、中、高三个浓度的分析。在标准系列的测定范围内选择低、中、高三个浓度值，分别进行 6 次测定，根据测定结果计算回收率。要求回收率控制在 ±10% 以内。回收率测定结果见表 4-18。各挥发性有机物的回收率为 90.5%～102.9%，符合 ±10% 以内的要求。

表 4-18　目标化合物的回收率

物质	实际浓度/(μg/mL)	测定浓度/(μg/mL)和回收率/%							回收率范围/%
丙酮	1.56	测定浓度	1.55	1.53	1.56	1.50	1.51	1.53	96.3～100.0
		回收率	99.9	98.9	100.0	96.3	96.9	98.0	
	7.78	测定浓度	7.39	7.29	7.33	7.18	7.52	7.18	92.2～96.7
		回收率	95.0	93.6	94.2	92.2	96.7	92.3	
	15.6	测定浓度	14.7	15.0	15.1	14.6	14.7	14.9	94.1～96.5
		回收率	94.3	96.5	96.4	94.1	94.6	95.6	
乙酸乙酯	1.76	测定浓度	1.73	1.65	1.62	1.72	1.76	1.75	92.2～99.8
		回收率	98.4	93.6	92.2	97.6	99.8	99.4	
	8.80	测定浓度	8.35	8.19	8.32	8.16	8.61	8.30	92.8～97.8
		回收率	94.9	93.0	94.5	92.8	97.8	94.3	
	17.6	测定浓度	16.7	17.2	17.3	16.7	16.9	17.2	94.9～98.3
		回收率	94.9	97.7	98.3	94.8	96.1	97.7	

续表

物质	实际浓度/(μg/mL)	测定浓度/(μg/mL)和回收率/%							回收率范围/%
异丙醇	1.56	测定浓度	1.56	1.51	1.46	1.55	1.57	1.48	93.3～100.0
		回收率	100.0	96.5	93.3	99.0	100.4	94.9	
	7.81	测定浓度	7.46	7.35	7.32	7.20	7.48	7.13	91.3～95.7
		回收率	95.5	94.1	93.8	92.2	95.7	91.3	
	15.6	测定浓度	14.6	15.0	15.0	14.6	14.7	14.8	93.7～96.1
		回收率	93.7	96.1	96.1	93.7	93.9	94.6	
乙醇	1.57	测定浓度	1.56	1.53	1.48	1.50	1.50	1.52	94.4～99.1
		回收率	99.1	97.6	94.4	95.4	95.5	96.5	
	7.86	测定浓度	7.34	7.18	7.12	7.24	7.20	7.19	90.5～93.4
		回收率	93.4	91.3	90.5	92.1	91.6	91.5	
	15.7	测定浓度	14.4	14.7	14.7	14.3	14.3	14.3	90.7～93.7
		回收率	91.7	93.7	93.7	90.9	90.7	90.7	
苯	2.00	测定浓度	2.06	2.00	1.96	2.05	2.01	1.99	98.2～103.1
		回收率	103.1	100.0	98.1	102.7	100.3	99.5	
	10.0	测定浓度	9.74	9.53	9.77	9.59	10.1	9.75	95.3～101.0
		回收率	97.4	95.3	97.7	95.9	101.0	97.5	
	20.0	测定浓度	19.2	19.6	20.1	19.1	19.5	19.8	95.3～98.9
		回收率	96.2	98.2	100.5	95.3	97.3	98.9	
甲苯	2.00	测定浓度	2.03	2.00	2.05	2.01	1.89	2.01	94.4～102.4
		回收率	101.3	100.0	102.4	100.5	94.4	100.7	
	10.0	测定浓度	9.69	9.50	9.85	9.67	10.2	9.96	95.0～102.0
		回收率	96.9	95.0	98.5	96.7	102.0	99.6	
	20.0	测定浓度	19.6	20.0	20.4	19.4	19.9	20.3	97.8～102.0
		回收率	97.8	100.0	102.0	97.1	99.7	101.4	
乙酸丁酯	1.76	测定浓度	1.76	1.68	1.71	1.75	1.78	1.69	95.7～101.2
		回收率	100.5	95.7	97.3	99.7	101.2	96.2	
	8.78	测定浓度	8.40	8.28	8.60	8.41	8.889	8.68	94.4～101.1
		回收率	95.7	94.4	98.0	95.8	101.1	98.9	
	17.6	测定浓度	17.3	17.7	18.1	17.2	17.7	17.9	98.0～102.9
		回收率	98.5	101.0	102.9	98.0	100.8	102.8	
正丁醇	1.62	测定浓度	1.60	1.58	1.57	1.49	1.61	1.53	92.1～99.6
		回收率	99.0	97.7	97.0	92.1	99.6	94.3	
	8.10	测定浓度	7.58	7.47	7.65	7.46	7.90	7.61	92.0～97.5
		回收率	93.5	92.2	94.4	92.0	97.5	94.0	
	16.2	测定浓度	15.5	15.9	16.0	15.4	15.7	15.9	95.2～98.8
		回收率	95.5	98.3	98.8	95.2	96.9	98.3	

(4) 检出限和测定下限

由于在空白试验中未检出目标物质，所以通过以下工作来确定方法的检出限：配制浓度值为预估的方法检出限 3 倍的样品进行 7 次平行测定，计算 7 次测定值的标准偏差，再按照公式(4-13) 算出检出限。当样品采气量为 10L 时的检出限按照式(4-14) 进行计算，以 4 倍检出限作为测定下限。

$$MDL = t_{(n-1, 0.99)} S \tag{4-13}$$

式中 MDL——方法检出限；

n——样品平行测定的次数；

t——自由度为 $n-1$，置信度为 99% 是的 t 分布，当 $n=7$ 时 $t=3.143$；

S——n 次平行测定的标准偏差，$\mu g/mL$。

$$检出限 = MDL \times \frac{v}{10 \times 10^{-3}} \tag{4-14}$$

式中 v——解吸液体积，1.00mL。

各挥发性有机物的方法检出限和测定下限见表 4-19。

表 4-19 目标化合物的检出限和测定下限

物质	检出限		测定下限/(mg/m³)
	溶液/(μg/mL)	气体/(mg/m³)	
丙酮	0.068	0.0068	0.0272
乙酸乙酯	0.057	0.0057	0.0228
异丙醇	0.050	0.0050	0.0200
乙醇	0.084	0.0084	0.0336
苯	0.022	0.0022	0.0088
甲苯	0.018	0.0018	0.0072
乙酸丁酯	0.035	0.0035	0.0140
正丁醇	0.044	0.0044	0.0176

(5) 解吸效率

解吸效率是指用解吸溶剂解吸下来的待测定化合物与固体吸附剂上待测定化合物的比例，是评价解吸程度的指标。按照式(4-15) 计算解吸效率。

$$D = \frac{m}{M} \times 100\% \tag{4-15}$$

式中 D——解吸效率,%；

m——解吸下来的待测定化合物的质量，μg；

M——向固体吸附剂中加入的待测定化合物的质量，μg。

取 9 支活性炭吸附管，每 3 支一组，分为 3 组，分别向每组吸附管 A 段中加入低、中、高三个浓度的混合标准贮备溶液和苯、甲苯贮备溶液，用硅胶帽封闭活性炭管，之后放置过夜，使其充分吸附。分别将上述活性炭吸附管用 1.0mL 二硫化碳解吸 30min，再用气相色谱进行分析。低、中、高浓度样品的解吸效率见表4-20。

表 4-20 目标化合物的解吸效率

物质	样品配制浓度/μg	解吸效率/%			RSD/%	平均解吸效率/%
丙酮	1.56	89.8	85.6	84.3	3.4	86.6
	7.78	87.4	83.1	90.0	4.0	86.8
	14.0	86.2	84.2	84.8	1.2	85.1
乙酸乙酯	1.76	99.9	96.5	93.6	3.2	96.7
	8.80	102.3	100.2	96.2	3.1	99.6
	15.8	97.4	102.2	103.8	3.3	101.2
异丙醇	1.56	94.4	89.6	88.7	3.3	90.9
	7.81	91.6	94.1	90.4	2.1	92.0
	14.1	92.5	90.8	91.3	1.0	91.5
乙醇	1.57	80.7	70.9	71.5	7.3	74.4
	7.86	71.7	64.1	67.8	5.6	67.9
	14.1	65.9	71.5	64.3	5.6	67.2
苯	2.00	103.5	94.5	93.5	5.7	97.2
	10.0	100.0	96.0	96.4	2.3	97.5
	18.0	98.5	102.9	105.1	3.3	102.2
甲苯	2.00	96.8	96.1	103.3	4.1	98.7
	10.0	99.8	95.3	96.7	2.3	97.3
	18.0	100.6	105.4	96.7	4.3	100.9
乙酸丁酯	1.76	101.8	96.1	97.4	3.0	98.7
	8.78	97.7	93.3	98.5	2.9	96.5
	15.8	94.8	97.2	100.9	3.1	97.6
正丁醇	1.62	94.6	91.0	89.4	2.9	91.7
	8.10	90.7	92.6	95.2	2.5	92.8
	14.5	91.1	97.1	91.6	3.6	93.2

除乙醇以外的各挥发性有机物的解吸效率在85%～103%之间；而乙醇的解吸效率差，达不到规定要求的75%，这可能与活性炭属于非极性吸附剂，而乙醇极性相对较大一些，并且乙醇极易挥发等原因有关。所以本方法只适用于乙醇的定性分析和定量参考分析，对乙醇的定量分析准确度较差。

(6) 解吸时间

通过分析不同解吸时间下的解吸效率来确定最优解吸时间。

取12支活性炭吸附管，每3支一组，分为4组，分别向每组吸附管A段中加入相同浓度的混合标准贮备溶液和苯、甲苯贮备溶液，用硅胶帽封闭活性炭管，之后放置过夜，使其充分吸附。再分别将上述4组活性炭吸附管用1.0mL二硫化碳解吸10min、20min、30min、60min，再用气相色谱进行分析。不同解吸时间样品的解吸效率见表4-21。

表 4-21　不同解吸时间下目标化合物的解吸效率　　　　单位：%

物质	样品配制浓度/μg	解吸时间/min			
		10	20	30	60
丙酮	7.78	68.5	81.0	86.8	84.0
乙酸乙酯	8.80	85.1	93.3	99.6	97.5
异丙醇	7.81	77.9	87.0	92.0	92.7
乙醇	7.86	53.1	60.4	67.9	68.1
苯	10.0	85.5	92.5	97.5	97.8
甲苯	10.0	86.3	91.3	97.3	97.3
乙酸丁酯	8.78	86.4	91.6	96.5	96.7
正丁醇	8.10	71.5	86.6	92.8	91.5

由表 4-21 可知，各种待测定物质的解吸效率均为 10min＜20min＜30min。解吸时间为 30min 和 60min 的样品，解吸效率相差很小，均在 3% 以内，而且由于误差的影响，对于某些物质 60min 的解吸效率甚至低于 30min 的解吸效率。所以 30min 的解吸时间即可满足分析需要，选择 30min 为最优解吸时间。

(7) 分析方法比对

将本分析方法的性能指标与国家标准方法《工作场所有毒物质测定》（GBZ/T 160—2007）系列标准中的吸附剂吸附-溶剂解吸-填充柱气相色谱法和环保部标准方法《环境空气　苯系物的测定　活性炭吸附/二硫化碳解吸-气相色谱法》（HJ 584—2010）进行比较。标准方法的性能指标见表 4-22。

表 4-22　标准方法的性能指标

物质	GBZ/T 160—2007			HJ 584—2010		
	检出限/(mg/m³)	RSD 范围/%	解吸效率/%	检出限/(mg/m³)	RSD 范围/%	解吸效率/%
丙酮	6.7	3.7～4.9	88.2	—	—	—
乙酸乙酯	0.27	2.6～4.3	＞97.2	—	—	—
异丙醇	0.3	1.8～2.4	≥96	—	—	—
乙醇	—	—	—	—	—	—
苯	0.6	4.3～6.0	＞90	0.0015	1.5～2.6	100±2.8
甲苯	1.2	4.7～6.3	＞90	0.0015	1.7～2.3	99.2±3.7
乙酸丁酯	0.27	2.6～4.3	＞97.2	—	—	—
正丁醇	0.4	1.0～3.0	≥93	—	—	—

注："—"表示该标准方法中没有分析此项目标化合物。

由表 4-22 数据可知，与 GBZ/T 160—2007 系列的填充柱分析方法相比，由于使用毛细管色谱柱，本分析方法的检出限（见表 4-19）明显要低，相对标准偏差和解吸效率相当。与 HJ 584—2010 相比，对于苯和甲苯的测定，本分析方法的检出限稍微高于标准方法，分别为 0.0022mg/m³ 和 0.0018mg/m³；本方法相对标准偏差和解吸效率（见表 4-20）与该标准方法十分接近。

(8) 穿透容量

穿透容量是指在一定的温度、压力和湿度条件下,吸附剂所能吸附气体的最大量。方法直接采用 GBZ/T 160—2007 系列标准方法各目标化合物的穿透容量(单位:mg),具体见表 4-23,并计算采样体积为 10L 时个目标化合物的质量体积比穿透容量(单位:mg/m³)。

表 4-23 目标化合物的穿透容量

物质	国家标准方法	穿透容量	质量体积比穿透容量
		mg	mg/m³
丙酮	GBZ/T 160.55—2007	11.6	$1.16×10^3$
乙酸乙酯	GBZ/T 160.63—2007	14.6	$1.46×10^3$
异丙醇	GBZ/T 160.48—2007	9.12	$9.12×10^2$
乙醇	—	—	—
苯	GBZ/T 160.42—2007	7.00	$7.00×10^2$
甲苯	GBZ/T 160.42—2007	13.1	$1.31×10^3$
乙酸丁酯	GBZ/T 160.63—2007	32.1	$3.21×10^3$
正丁醇	GBZ/T 160.48—2007	≥15.0	$≥1.50×10^3$

4.10.5 质量保证和质量控制 (QA/QC)

在实际样品的分析过程中做到以下质量保证(QA)措施。

① 采样前检查采样仪器的气密性,对流量进行校准。

② 无组织采样前后的流量相对偏差不能超过 10%。

③ 萃取用的二硫化碳需经气相色谱分析,鉴定没有干扰杂峰存在方可使用。

④ 活性炭采样管的 B 段活性炭所吸附的待测定物质应该小于 A 段活性炭所吸附的 10%,否则需要调整采样流量或者采样时间,重新进行采样。

⑤ 当空气相对湿度大于 90% 时,不进行采样;废气中含水量大于 5% 时,需要在吸附管前加干燥管,因为水蒸气或水雾太大是会影响活性炭吸附管的采样效率和穿透体积。

⑥ 分析每批样品时至少应带一个标准曲线的浓度点进行曲线校核,一般选取中间浓度点。校核点测定浓度值与标准曲线相应点浓度的相对偏差不应超过 20%。若超出允许范围,应重新配置中间浓度点的标准溶液再次进行测定,若还不能满足要求,则需重新绘制标准曲线。

⑦ 每批样品均需进行全程序空白样品的采集和测定。

4.10.6 结论

本分析方法对典型制药行业排放的 8 种挥发性有机物(丙酮、乙酸乙酯、异丙醇、乙醇、苯、甲苯、乙酸丁酯、正丁醇）通过活性炭吸附-二硫化碳解吸-气相色谱法进行了同时测定分析，绘制了各个目标化合物的标准曲线，进行了精密度、准确度、检出限、解吸效率、解吸时间等性能指标的分析，得出以下结论。

① 丙酮、乙酸乙酯、异丙醇、乙醇、苯、甲苯、乙酸丁酯、正丁醇 8 种物质在指定的色谱条件下可以实现良好的分离，标准曲线的线性相关系数均大于 0.999，线性关系良好，可以满足定性定量分析的需要。

② 进行 8 种目标化合物低、中、高三个浓度的精密度分析，相对标准偏差为 1.0%～3.2%，方法精密度良好。

③ 对 8 种目标化合物进行低、中、高三个浓度的加标回收率分析，回收率在 90.5%～102.9%之间，符合一般分析方法对准确度在±10%以内的要求。

④ 8 种目标化合物的检出限为 0.0018～0.0084mg/m³，均较低，说明方法灵敏度良好，满足分析的要求。

⑤ 丙酮、乙酸乙酯、异丙醇、苯、甲苯、乙酸丁酯、正丁醇 7 种物质的解吸效率在 85%～103%之间，满足国家标准规定的 75%以上的解吸效率的要求；乙醇的解吸效率低于 75%，分析结果准确度差，但是乙醇并未被 GBZ/T 160—2007 列入有毒物质的范围内，所以本方法对乙醇的测定结果可作为参考值，但不能准确定量。

⑥ 比较了不同的解吸时间，当解吸时间为 30min 时，即可满足分析的需要。

⑦ 本分析方法可以同时测定典型制药行业排放的 7 种有毒挥发性有机物：丙酮、乙酸乙酯、异丙醇、苯、甲苯、乙酸丁酯和正丁醇；方法的灵敏度高，穿透容量大，可以进行制药企业厂界无组织排放和固定污染源废气的挥发性有机物浓度的监测。另外方法可以对乙醇进行定性定量分析，但定量结果准确度较差。

4.11　甲酸、乙酸的测定

4.11.1　方法一　气相色谱法

4.11.1.1　监测依据及检出限

中华人民共和国职业卫生标准（GBZ 2—2002）。
本方法的检出限为甲酸 0.5mg/m³，乙酸 6mg/m³。

4.11.1.2　仪器设备和试剂

(1) 仪器设备

① 硅胶管：内装 300mg/500mg 硅胶（用于乙酸），或 600mg/200mg 浸渍硅胶（用于甲酸）。

② 空气采样器：流量 0～3L/min 和 0～500L/min。

③ 溶剂解吸瓶：5mL。

④ 反应瓶：具有螺旋帽的平底反应瓶，总体积为 4.5mL，帽盖的中央有一小孔，内衬聚四氟乙烯或橡皮垫，用螺旋帽扣压封口，不准漏气。

⑤ 微量注射器：10μL。

⑥ 注射器：1mL。

⑦ 气相色谱仪，氢焰离子化检测器。

⑧ 恒温水浴锅：±0.5℃。

(2) 试剂

① 蒸馏水。

② 硫酸（1.84g/mL）。

③ 磷酸（1.68g/mL）。

④ 浸渍硅胶（常规处理后的硅胶以 10.6g/L 的碳酸钠泡 30min，晾干装管）。

⑤ 解吸液：硫酸溶液（0.9mol/L，用于甲酸），甲酸（用于乙酸）。

⑥ FFAP，色谱固定液。

⑦ 6201 和 Chromosorb：WAW DMCS，色谱担体，60～80 目。

⑧ 甲酸标准溶液：称取 0.1479g 甲酸钠以水定容至 100mL。即为 1.0mg/mL 的标准储备液。配好后置于冰箱保存。临用前，用硫酸溶液稀释成 250μg/mL 甲酸标准溶液。

⑨ 乙酸溶液：取约 10mL 的解吸液置于 25mL 容量瓶中，准确称量后，加入数滴乙酸，再准确称量；加解吸液至刻度，由两次称量之差计算标准贮备液浓度。置冰箱保存，临用时以解吸液稀释成 2.0mg/mL 的细算标准溶液。

4.11.1.3　样品采集、保存和前处理

(1) 样品采集

① 短时间采样　在采样点，打开硅胶管两端，以 300mL/min 流量采气 15min。

② 长时间采样　在采样点，打开硅胶管两端，以 50mL/min 流量采气 2h。

(2) 样品保存

采样后，立即封闭硅胶管两端，至清洁容器中运输和保存。室温下甲酸可保存 7d，乙酸可保存 15d。

(3) 样品前处理

将采集样品后的硅胶管内前后段硅胶分别倒入溶剂解析瓶中，加 1mL 解吸液。封闭后振摇 1min，解吸 30min，解吸液供测定。若待测物质浓度超过测定范围，则用解吸液稀释后再进行测定，最后结果乘以稀释倍数。

4.11.1.4 分析步骤

(1) 分析步骤

① 标准曲线的绘制

a. 甲酸标准曲线：分别取 0、0.10mL、0.20mL、0.30mL 和 0.40mL 的甲酸标准溶液，至反应瓶中。各加入 0.5mL 硫酸溶液，制成所含甲酸浓度为 0、50μg/mL、100μg/mL、150μg/mL 和 200μg/mL 的标准系列。依次加入 0.5mL 硫酸乙醇溶液，将反应瓶放入 55℃±0.5℃ 的恒温水浴锅中加热 90min。在保温状态下，抽取 0.1mL 顶空进样，每个浓度需重复测定 3 次，根据标准溶液的浓度、峰高和峰面积的均值绘制标准曲线。

b. 乙酸标准曲线：用甲酸稀释标准溶液成 0、250μg/mL、500μg/mL、1000μg/mL 和 2000μg/mL 的乙酸标准系列。自动进样 2.0μL，每个浓度重复测定 3 次，根据标准溶液的浓度、峰高和峰面积的均值绘制标准曲线。

② 样品测定　按测定标准系列的操作条件测定样品和空白，以物质保留时间定性，测得的样品峰面积减去空白后由回归方程计算样品中甲酸和乙酸的浓度。

(2) 气相色谱分析条件

色谱柱 1（用于甲酸）：2m×3mm，FFAP：6201＝10：100。

柱温：80℃。气化室温度：130℃。检测室温度：130℃。载气（氮气）：17mL/min。色谱柱 2（用于乙酸）：1.5m×3mm，FFAP：H_3PO_4：Chromosorb WAW DMCS＝3：0.5：100。柱温：140℃。汽化室温度：200℃。检测室温度：200℃。载气（氮气）：50mL/min。

4.11.1.5 注意事项

注意采样前必须测定每批硅胶管的解析效率。

4.11.2 方法二　硅胶采样-离子色谱法

4.11.2.1 仪器和试剂

(1) 仪器

Metrohm-MIC 离子色谱仪，具双柱塞泵、电导检测器，化学抑制器，微量进样器，英蓝超滤单元。

① 大气采样器。

② 色谱柱：Metrosep A SUPP 5250 型阴离子分析柱和 Metrosep A Supp4/5 Guard 阴离子保护柱。

③ 微孔滤膜过滤器。

④ 硅胶管。

(2) 试剂

实验用水为超纯水、碳酸钠（优级纯，105℃烘干2h）、碳酸氢钠（优级纯）、二水甲酸钠（105℃烘干2h）、无水乙酸钠（105℃烘干2h）、甲酸和乙酸（色谱纯）。

4.11.2.2 样品采集、保存和前处理

(1) 样品的采集

在采样现场打开硅胶管的两端封口，将一端连接在空气进样器入口处，以0.5L/min的流速，采样15min。

(2) 样品的保存

采样后，立即封闭采样管两端，至清洁容器内保存和运输。

(3) 样品前处理

将采样后的硅胶管前后段硅胶分别倒入25mL具塞比色管中，加25mL淋洗液解吸，振摇1min，静置10min，解吸液供测定。

4.11.2.3 分析步骤

(1) 离子色谱条件

阴离子分析柱：内填料为含季铵盐基团的聚乙烯醇。

保护柱：流动相为1.0mmol/L碳酸氢钠加3.2mmol/L碳酸钠淋洗液，设定流速为0.7mL/min。

硫酸抑制器再生液：50mmol/L。

自动进样器：每次吸取样品前洗针180s。

进样量：20μL。

电导检测器：满刻度为50μS/cm，10min。

(2) 分析步骤

① 标准曲线 以二水甲酸钠和乙酸钠配置浓度为50μg/mL的甲酸根离子和浓度为100μg/mL的乙酸根离子标准溶液，临用前用淋洗液稀释成甲酸根离子浓度为1.0μg/mL、2.0μg/mL、4.0μg/mL、6.0μg/mL、8.0μg/mL，乙酸根离子浓度为2.0μg/mL、4.0μg/mL、8.0μg/mL、12.0μg/mL、16.0μg/mL的标准系列。每次进样20μL，测定保留时间和峰面积，每个浓度下测量3次，以峰面积的均值对应浓度绘制标准曲线。

② 样品测定 用和测定标准曲线相同的方法测定样品和空白，测得的样品峰面积值减去空白的峰面积值后，由标准曲线计算待测有机化合物的浓度（μg/mL）。

甲醇、乙醇和常见几种离子的色谱图如图4-46所示。

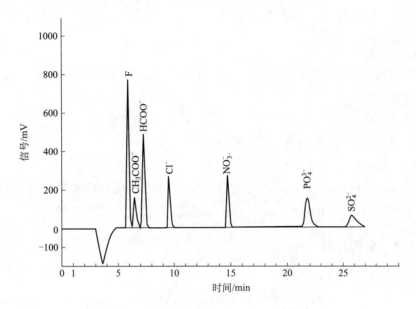

图 4-46　甲醇、乙醇和几种常见离子的色谱图

4.11.2.4　注意事项

为避免由于进样管道死体积而产生的样品间交叉污染，并节约样品的用量，吸取样品前洗针的时间设定为 180s。

4.11.3　方法三　活性炭采样-离子色谱法

4.11.3.1　仪器和试剂

(1) 仪器设备

① DIONEXTECHCOMPDX-100T 离子色谱仪（配 DIONEXASRS 抑制器、DIONESAS4A-SC 阴离子分离柱、DIONEXAG4A-SC 保护柱、电导检测器）。

② TELE 色谱工作站。

③ 0.2μm 微型微孔样品过滤器。

④ TG-3 型活性炭采样管。

(2) 试剂

① 淋洗液：$5.0×10^{-3}$ mol/L 硼酸钠溶液，使用前用 0.2μm 滤膜真空抽滤。

② 甲酸。

③ 乙酸。

④ 去离子水：电导率<1μS/cm。

4.11.3.2　样品采集、保存和前处理

(1) 样品采集

在采样点打开活性炭管两端的封口，连接在空气采样器入口处，以 0.2L/min 流量采样 48L。

(2) 样品保存

采样后，将采样管两端密封，带回实验室。

(3) 样品前处理

将采样管中的活性炭倒入 25mL 比色管中，加入 20.0mL 硼酸钠溶液，以超声波震荡 20min，静置 30min，用 0.2m 微孔过滤器过滤。

4.11.3.3　分析步骤

(1) 分析步骤

取 50μL 滤液注入色谱柱进行分离测定。同时测定空白，测得的样品峰面积值减去空白的峰面积值后，计算待测有机化合物的浓度（μg/mL）。

(2) 离子色谱图

甲酸、乙酸色谱图如图 4-47 所示。

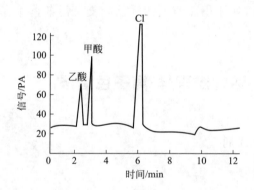

图 4-47　甲酸、乙酸色谱图

4.12　气相色谱法测定醇胺类化合物

4.12.1　监测依据及检出限

《空气和废气监测分析方法》（第四版增补版）国家环境保护总局（2007 年）。

单乙醇胺：5.0×10^{-3}；二乙醇胺：4.7×10^{-3}；三乙醇胺：1.9×10^{-3}。

4.12.2 方法原理

建立用气相色谱法测定乙醇胺混合物中单乙醇胺（MEA）、二乙醇胺（DEA）、三乙醇胺（TEA）含量的方法。被测组分以 SE-54 毛细管柱分离，氢火焰离子化检测器测定。根据保留时间进行定性，峰面积进行定量。

4.12.3 仪器和试剂

4.12.3.1 仪器

① 十万分之一天平。
② 采样管：大型气泡吸收管。
③ 空气发生器。
④ 气相色谱仪：气相色谱仪，氢火焰离子化检测器。
⑤ 色谱柱：SE-54 毛细管柱（25m×0.25mm×0.1μm）。
⑥ 微量注射器：5μL，10μL，100μL，美国安捷伦科技有限公司。
⑦ 解吸试管：5mL，具塞刻度试管。

4.12.3.2 试剂

① 高纯氮气：纯度大于 99.999%。
② 氢气：纯度大于 99.999%。
③ 单乙醇胺、二乙醇胺、三乙醇胺标准溶液。

4.12.4 样品采集、保存和前处理

4.12.4.1 采样

在采样点，串联两只各装有 5.0mL 无水乙醇溶液的大型气泡吸收管，以 500mL/min 流量采集 15min 空气样品。采样后，立即封闭吸收管的进、出气口，尽快送回实验室进行分析。采样时详细记录样品信息，包括采样流量、采样时间、采样标况体积等。

4.12.4.2 现场空白样品的采集

串联两只各装有 5.0mL 无水乙醇溶液的大型气泡吸收管，不进行抽气采样，之后封闭吸收管的进、出气口，同采集样品的吸收管一同存放并带回实验室进行分析。

4.12.4.3 样品保存

采集完毕的吸收管的进出气口立即封闭，避光保存，室温下 24h 内进行实验室分析。保存否则应放入清洁容器内密闭保存。

4.12.5 样品前处理

用吸收管中的无水乙醇溶液洗涤进气管内壁 3 次，将无水乙醇溶液分别倒入具塞试管中，供测定。若样品液中待测物浓度超过测定范围，可用无水乙醇溶液稀释后测定，计算时乘以稀释倍数。

4.12.6 样品分析

4.12.6.1 气相色谱分析条件

色谱柱初温：75℃，保持 3min；以 70℃/min 升至 175℃，调整升温速率以 1℃/min 升至 185℃，保留 1min；再改变升温速率以 70℃/min 升至 250℃，保留 2min。

汽化室温度：250℃。

检测器温度：300℃。

载气流速：1mL/min。

进样量：1μL。

分流比：10∶1。

对混合标准物质进行气相色谱分析得到如图 4-48 所示的色谱图。保留时间依次为：1.651min——乙醇；5.374min——单乙醇胺；8.135min——二乙醇胺；8.676min——三乙醇胺。

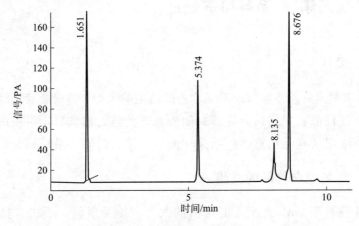

图 4-48 标准物质气相色谱图

4. 12. 6. 2　样品分析

待测解吸液根据保留时间进行目标化合物的定性分析；根据峰面积，利用校准曲线进行定量分析。

4. 12. 6. 3　分析步骤

(1) 标准曲线的绘制

用无水乙醇溶液稀释标准溶液成 0、$0.010\mu g/mL$、$0.020\mu g/mL$、$0.050\mu g/mL$ 和 $0.10\mu g/mL$ 乙醇胺标准系列。参照仪器操作条件，将气相色谱仪调节至最佳测定状态，进样 $1.0\mu L$，分别测定标准系列；每个浓度重复测定 3 次，以测得的峰高或峰面积均值对乙醇胺浓度 ($\mu g/mL$) 绘制标准曲线。其线性相关系数 r 应大于 0.9990。

(2) 样品测定

按照给出的测定条件进行测定，同时测定空白样品。用测定标准系列的操作条件测定样品和空白对照的解吸液；测得的样品峰高或峰面积值减去空白对照的峰高或峰面积值后，由标准曲线得各组分浓度 ($\mu g/mL$)。

4. 12. 7　样品计算

按式(4-16) 将采样体积换算成标准采样体积：

$$V_{\circ}=V\frac{293}{273+t}\times\frac{P}{101.3} \tag{4-16}$$

式中　$V_{\circ}$——标准采样体积，L；

　　　V——采样体积，L；

　　　t——采样点的气温，℃；

　　　P——采样点的大气压，kPa。

按式(4-17) 计算空气中乙醇胺的浓度：

$$C=\frac{5(c_1+c_2)}{V_{\circ}} \tag{4-17}$$

式中　C——空气中各乙醇胺的浓度，mg/m^3；

c_1、c_2——测得前后管吸收液中各乙醇胺的浓度，$\mu g/mL$；

　　　5——吸收液的体积，mL；

　　　$V_{\circ}$——标准采样体积，L。

4. 12. 8　质量保证和质量控制 （QA/QC）

① 采样前检查采样仪器的气密性，对流量进行校准。

② 当空气相对湿度大于90%时，不进行采样。

③ 分析每批样品时至少应带一个标准曲线的浓度点进行曲线校核，一般选取中间浓度点。校核点测定浓度值与标准曲线相应点浓度的相对偏差不应超过20%。若超出允许范围，应重新配置中间浓度点的标准溶液再次进行测定，若还不能满足要求，则需重新绘制标准曲线。

④ 每批样品均需进行全程序空白样品的采集和测定。

⑤ 乙醇胺易溶于水：采集过程中应保持采样管保温夹层套温度在120℃，并使污染源采样孔至吸收管间的连接管线尽可能短，以避免水汽于吸收管之前冷凝。

4.13　石脑油测定

4.13.1　方法一　多维气相色谱法

4.13.1.1　监测依据

《工作场所空气中有毒物质测定混合烃类化合物》（GBZ/T 160.40—2004）。

4.13.1.2　检出限和测定下限

检出限：$3×10^{-4}\mu g/mL$；最低检出浓度：$0.02mg/m^3$（以采集1.5L空气样品计）。测定范围为$3×10^{-4}\sim1\mu g/mL$，相对标准偏差为4%左右。

4.13.1.3　方法原理

采用不同的分离技术可以将样品按族检测或按组分检测。

（1）按族检测

空气中的石脑油用活性炭管采集，热解吸后进样。石脑油样品进入色谱仪后首先通过极性分离柱使脂肪烃组分和芳烃组分得到分离。由饱和烃和烯烃构成的脂肪烃组分通过烯烃捕集阱烯烃组分被选择性保留，饱和烃则穿过烯烃捕集阱进入氢火焰检测器监测。

待饱和烃组分通过烯烃捕集阱后，此时芳烃组分的苯尚未达到极性分离柱柱尾，通过一个六通阀切换使烯烃捕集阱暂时脱离载气线路，此时苯通过平衡柱进入检测器检测，待非苯芳烃检测完毕后，再次通过阀切换使烯烃捕集阱置于载气流路中，在适当的条件下使烯烃捕集阱中捕集的烯烃完全脱附并进入检测器检测，色谱峰依次为饱和烃、苯、非苯芳烃、烯烃。

根据保留时间对目标化合物进行定性，根据峰面积，利用校准曲线进行定量。

（2）按组分检测

空气中的石脑油用活性炭管采集，热解吸后进样。石脑油样品进入色谱仪后通过 5 个阀对 7 根选择性不同的色谱柱进行准确切换控制，使样品分别进入不同的色谱柱中，分离出正构、异构烷烃、正构、异构烯烃、环烷烃、环烯烃和芳烃。利用程序升温，使各族组分按碳数分离后测定。

根据保留时间对目标化合物进行定性，根据峰面积，利用校准曲线进行定量。

4.13.1.4　仪器和试剂

（1）仪器

① 十万分之一天平。

② 活性炭管，热解吸型，内装 100mg 活性炭。

③ 空气采样器，流量 0～500mL/min。

④ 多维气相色谱仪（FID 检测器），多维气相色谱辅助系统。

⑤ 色谱柱：OV 275（极性柱）3.0m×2mm 填充柱；HP-1 柱 15m×0.53mm×5μm（交联甲基硅油）；醇/醚吸附阱 0.15m×2.5mm 填充柱；烯烃吸附阱 0.30m×2.5mm 填充柱；5A 分子筛柱 0.10m×2.5mm 填充柱；13X 分子筛柱 1.80m×1.7mm 填充柱；铂加氢柱，铂加氢反应器。

⑥ 微量注射器：100mL，1mL。

⑦ 热解吸仪。

（2）试剂

① 高纯氮气：纯度大于 99.999%。

② 氢气：纯度大于 99.999%。

③ 石脑油标准品。

④ 标准气：用微量注射器准确抽取一定量的石脑油，注入经体积校准的 1L 铝箔气袋中，用清洁空气充满至校准时的大气压，配成标准气。即配即用。

4.13.1.5　实验方法

（1）样品采集

① 固定污染源废气采样。按照《固定污染源排气中颗粒物和气态污染物采样方法》（GB/T 16157—1996）和《固定源废气监测技术规范》（HJ/T 397—2007）的要求进行布点和采样准备。采样现场将活性炭采样管两端敲开，用硅橡胶管将采样管 A 端与仪器的采样管连接，B 端与仪器的流量计量箱和抽气泵连接，以 0.2～0.6L/min 的流量采气 5～20min。采样完毕，马上用硅胶帽将采样管两端密封，尽快送回实验室进行分析。

采样时详细记录样品信息，包括采样流量、采样时间、采样标况体积等。

② 厂界无组织排放采样。按照《大气污染物无组织排放监测技术导则》（HJ/T 55—2000）的要求进行布点，按照《环境空气手工监测技术规范》（HJ/T 194—2005）的要求进行采样准备，采样现场将活性炭采样管两端敲开，用硅橡胶管将采样管 B 端与采样仪器相连，以 0.2～0.6L/min 的流量采气 1～2h，采样时保持采样管垂直向上。采样完毕，马上用硅胶帽将采样管两端密封，尽快送回实验室进行分析。

记录采样时的采样流量、采样时间和气象参数（气温、气压、风速、风向等）。

③ 现场空白样品的采集。将活性炭采样管带到采样现场，敲开两端后，不进行抽气采样，之后用硅胶帽密封，同采集样品的采样管一同存放并带回实验室进行分析。固定污染源废气和厂界无组织排放，采集样品的同时都需要采集现场空白样品。

④ 样品保存。采集完毕的活性炭采样管用硅胶帽将吸附管两端密封，避光保存，室温下 24h 内进行实验室分析。否则应放入密闭容器中，－20℃保存，保存期限为 7d。

(2) 样品预处理与分析

① 样品解吸。采过样的活性炭管放入热解吸器中，抽气端与载气连接，进气端与 100mL 注射器连接；以氮气作载气，流量为 50mL/min，在 230℃下解吸至 100mL。注射器垂直放置，供测定。若解吸气中浓度超过测定范围，用清洁空气稀释后测定，计算时乘以稀释倍数。

② 气相色谱分析条件。按族检测见表 4-24 和表 4-25。

表 4-24 按族检测色谱分析参数

柱箱温度	107.0℃	进样器温度	200℃
柱压力	149.3Pa	检测器温度	180℃
载气流速	28.0mL/min	空气压力	45kPa
点火方式	自动点火	氢气压力	55kPa

表 4-25 多维气相色谱辅助系统分析参数

0.2min	烯烃捕集阱打开	辅助系统初始温度/℃	126
2.10min	烯烃捕集阱关闭	初始持续时间/min	9
4.30min	分析柱反吹	升温速率/(℃/min)	40
9.50min	烯烃捕集阱打开	最终温度/℃	190
15.0min	分析柱反吹结束	保持时间/min	1.5
16.0min	烯烃捕集阱关闭	空气六通阀切换时间/kPa	0.3

按组分检测见表 4-26。

表 4-26　按组分检测色谱分析参数

项目	设定值	项目	设定值
载气流速/(mL/min)	2	进样口温度/℃	250
A 通道	22.0	A 通道	130
B 通道	7.0	B 通道	140
Pt 加氢柱氢气流速/(mL/min)	15.0	烯烃吸附阱温度/℃	135
FID 氢气流速/(mL/min)	35.0	阀切换时间/min	2.0
FID 空气流速/(mL/min)	350.0	A	3.0
烘箱温度/℃	130	B	3.5
FID 温度/℃	190	D	4.5
Pt 柱温度/℃	180	E	9.5

注：阀切换中 A 和 B 用于控制 OV 275 极性柱，将样品分为 3 部分（烷烃、芳烃、大于 200℃馏分）；D 用于控制反式萘烷从 HP-1 柱馏出，然后计算大于 200℃馏分的含量；E 用于控制烯烃捕集阱吸附所有烯烃。

　　③ 标准物质气相色谱图（见图 4-49）。对混合标准物质进行气相色谱分析得到如图 4-50 所示的色谱图，保留时间定性（见表 4-27），峰面积定量。

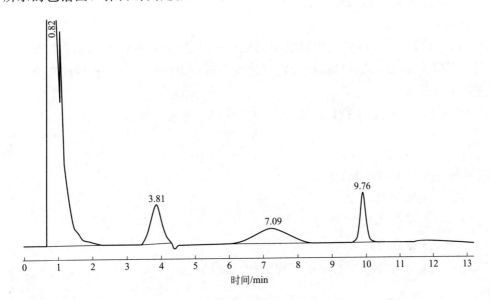

图 4-49　石脑油烃类族组成谱图

表 4-27　石脑油烃类族组成测定结果

序号	保留时间/min	组分名称
1	0.82	饱和烃
2	3.81	苯
3	7.09	非苯芳烃
4	9.76	烯烃

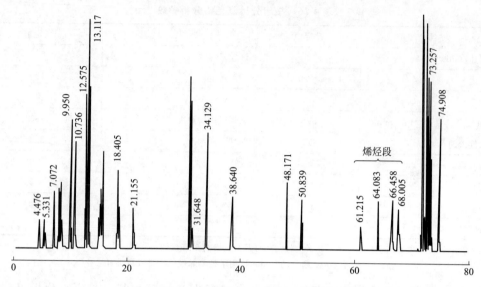

图 4-50　石脑油烃类组分组成谱图

对混合标准物质进行气相色谱分析得到如图 4-50 所示的色谱图，按保留时间定性，峰面积逐个定量。

④ 样品分析。待测解吸气按照②中的测定条件进行仪器测定，同时进行空白样品的测定。根据保留时间进行目标化合物的定性分析；根据峰面积，利用校准曲线（外标法）进行定量分析。

⑤ 样品计算。按式(4-18)将采样体积换算成标准采样体积。

$$V_{\circ}=V\frac{293}{273+t}\times\frac{P}{101.3} \tag{4-18}$$

式中　$V_{\circ}$——标准采样体积，L；

　　　V——采样体积，L；

　　　t——采样点的温度，℃；

　　　P——采样点的大气压，kPa。

按式(4-19)计算空气中石脑油各组分的浓度：

$$C=\frac{C_i}{V_{\circ}D}\times100 \tag{4-19}$$

式中　C——空气中石脑油各组分的浓度，mg/m³；

　　　C_i——测得解吸气中各组分的浓度，μg/mL；

　　　100——解吸气的总体积，mL；

　　　$V_{\circ}$——标准采样体积，L；

　　　D——解吸效率，%。

4.13.1.6　分析步骤

(1) 标准曲线的绘制

用清洁空气稀释标准气为 0、0.10μg/mL、0.20μg/mL、0.40μg/mL、0.80μg/mL、1.0μg/mL 标准系列。参照仪器操作条件，将气相色谱仪调节至最佳测定状态，进样 1.0mL，分别测定各标准系列。每个浓度重复测定 3 次。以测得的峰高或峰面积均值对相应的溶剂汽油或非甲烷总烃的浓度（μg/mL）绘制标准曲线。其线性相关系数 r 应大于 0.9990。

(2) 样品测定

用测定标准系列的操作条件测定样品和空白对照解吸气，测得的样品峰高或峰面积值减去空白对照的峰高或峰面积值后，由标准曲线得石脑油各个成分的浓度（μg/mL）。

4.13.1.7　质量保证和质量控制（QA/QC）

(1) 采样前检查采样仪器的气密性，对流量进行校准。

(2) 无组织采样前后的流量相对偏差不能超过 10%。

(3) 待测样品中含有硫和水也会对分析结果造成一定的影响。当样品的硫含量高时，会影响烯烃吸附阱和 P_t 加氢柱的分离效果，当其含硫质量分数超过 0.01% 时，就会导致烯烃吸附阱和 P_t 加氢柱失效。因此在分析前，要测定样品中的硫含量。另外，当样品中含水或仪器发生泄漏时，会使其中的 C_9 峰无法分离。一般选用无水氯化钙对样品进行脱水处理。

(4) 每使用一批新的活性炭采样管，一般进行消耗性材料检查，测定待测物在活性炭上的解吸速率并作好记录。

解吸效率的测定方法是：准备 2 支活性炭管，用微量注射器在吸附管前段吸附剂注入一定量的苯胺，待吸附剂在空气中平衡几分钟后将吸附管两端密封，放置过夜，然后用与样品相同方法进行解析，测定解析量，计算其解吸效率，一般解吸效率应大于 80%。活性炭采样管的 B 段活性炭所吸附的待测定物质应该小于 A 段活性炭所吸附的 10%，否则需要调整采样流量或者采样时间，重新进行采样。

活性炭采样管的 B 段活性炭所吸附的待测定物质应该小于 A 段活性炭所吸附的 10%，否则需要调整采样流量或者采样时间，重新进行采样。

(5) 氦气、氢气所含微量水、氧及烃类杂质多时，会使仪器噪声增加，而且烯烃吸附阱会优先捕集气体中的微量水及氧并达到饱和，致使无法捕集烯烃，影响分析结果。因此在气体进入仪器前必须进行净化处理。

(6) 分析每批样品时至少应带一个标准曲线的浓度点进行曲线校核，一般选取中间浓度点。校核点测定浓度值与标准曲线相应点浓度的相对偏差不应超过 20%。若超出允许范围，应重新配置中间浓度点的标准溶液再次进行测定，若还不能满足要求，则需重新绘制标准曲线。

(7) 每批样品均需进行全程序空白样品的采集和测定。

4.13.2　方法二　自动热脱附-毛细柱气相色谱法

自动热脱附-毛细柱气相色谱法分析石脑油具有操作简单，自动化程度高的特点，可以用于连续大量分析样品。但是，由于石脑油成分复杂，潜在干扰物多，部分样品可能分离不彻底，必要时可用气质联机进行定性。

4.13.2.1　实验条件

(1) 仪器

气相色谱仪（FID检测器）：HP7890。

质谱仪：5975C。

自动热脱附仪：Unity series2，Markes。

色谱柱：DB-1 (50m×0.25mm×0.5μm)。

空气采样器：TH600污染源气体采样仪。

吸附管：Tenax/不锈钢。

(2) 分析条件

① 热脱附条件

分流比：10:1。

吹扫流量：20mL/min。

预吹扫时间：1min。

干吹扫时间：1min。

解析温度：250℃。

解析时间：5min。

冷阱低温：−10℃。

冷阱高温：300℃。

保持时间：1min。

热脱附传输线温度：120℃。

② 色谱条件

进样口：250℃。

分流比：10:1。

柱温：初温40℃（保持10min），以1℃/min速率升温至60℃，再以5℃/min速率升温至180℃，保持10min。

载气类型：纯度为99.999%的 N_2。

柱流量：1mL/min。

检测器：FID，300℃。

空气流量：400mL/min。

氢气流量：40mL/min，尾吹气流量 60mL/min。

③ 质谱分析条件

数据采集：全扫描。

离子源能量：70eV。

检测器电压：1805eV。

四极杆温度：230℃。

离子源温度：150℃。

气质接口温度：250℃。

4.13.2.2 定性定量

(1) 定性

石脑油的成分很复杂，有二百多种。气相色谱法对石脑油每一个组分的定性需要有构成石脑油组分的每一种标准试剂，因此很难对石脑油每一个色谱分离峰进行定性，采用质谱法通过谱图分析可以大大提高工作效率和准确性。

(2) 定量

采用面积归一化计算，根据石脑油在毛细管色谱柱上被分离的每一个组分与石脑油全组分的每一个成分进行配对计算。计算结果分两种报告形式：一种是长报告，构成石脑油的每一种成分的单独含量；另一种是短报告，构成石脑油的每一族组分的含量。

4.14 空气和废气中乙醚的测定

4.14.1 方法一 溶剂解吸-气相色谱法

4.14.1.1 监测依据及检出限

中华人民共和国卫生部《工作场所空气有毒物质测定 脂肪族醚类化合物》（GBZ/T 160.52—2004）。

检出限：0.3mg/m³（以采样 3L 计）。

4.14.1.2 仪器设备和试剂

(1) 仪器设备

① 气相色谱仪（Agilent7890A，美国安捷伦公司），火焰离子化检测器。

② 氢气发生器（OPGU-2200S，日本岛津公司）。

③ 热解吸器。

④ 低流量空气采样器。

⑤ 活性炭管，溶剂解吸型，内装 100mg/50mg 活性炭。

(2) 试剂和材料

① 试剂　二硫化碳（CS_2，色谱纯）；乙醚（色谱纯）；正戊烷、正乙烷、正庚烷、丙酮、丁酮、乙酸乙酯、甲醇、乙醇、异丙醇、苯、甲苯（色谱纯，含量均≥99.5%）；高纯氮气（纯度≥99.99%）。

② 标准气体　在 100mL 注射器中预先置入一小块铝箔，充入氮气至 100mL 刻度，以硅胶塞塞紧，然后用微量注射器注入一定量的乙醚，待挥发完全后摇匀。用清洁空气稀释成所需质量的浓度。

③ 标准溶液　在 10mL 的容量瓶中加 5mL 的 CS_2，用微量注射器准确加入一定体积的乙醚（色谱纯，在 20℃，$1\mu L$ 乙醚为 0.7135mg）用 CS_2 稀释至刻度，混匀。再用 CS_2 稀释至所需质量浓度。

④ 乙醚加标碳管配置　用微量注射器由活性炭管的一端准确注入一定体积的乙醚标准物质或已知浓度的标准溶液，盖好放置过夜。

4.14.1.3　分析步骤

(1) 仪器操作条件

气相色谱柱：DB-1 柱 30.00mm×0.32mm×0.25μm。

柱温：初始温度 45℃，保持 3min，以 20℃/min 速率升到 120℃，保持 2min。

进样口温度：150℃。

检测器温度：200℃。

吹扫气体（氮气）流量：60mL/min。

柱流量：氮气 1.0mL/min；氢气 30mL/min；空气 400mL/min。

分流比：20∶1。

(2) 标准曲线

配置质量浓度为 0、100mg/L、200mg/L、500mg/L、1000mg/L、2000mg/L、3000mg/L 的乙醚标准系列，各进样 1.0μL。各点进行 3 次测定。

(3) 样品测定

将待测采样管中活性炭倒入采样瓶，加 1.00mL CS_2 密封，轻微振荡，解吸 30min 之后以解吸液测定。

标准气进样 1.0mL，标准溶液进样 1.0μL。

4.14.1.4　计算

按式(4-20)计算空气样品中乙醚的质量浓度：

$$C = \frac{cV_1}{V_o D} \tag{4-20}$$

式中　C——空气中乙醚质量浓度，mg/m^3；

　　　c——解吸液中乙醚的质量浓度（减空白），mg/L；

　　　V_1——解吸液的总体积，mL；

　　　V_o——标准采样体积，L；

　　　D——解析效率，$\%$。

4.14.2　方法二　热解吸-气相色谱法

4.14.2.1　监测依据及检出限

《工作场所空气中有害物质监测的采样规范》（GBZ 159—2004）。

《工作场所空气有毒物质测定脂肪族醚类化合物》（GBZ/T 160.52—2004）。

本方法的检出限为 $0.014mg/m^3$（以采集 3L 空气样品计）。测定范围为 $0.014\sim 400mg/m^3$；相对标准偏差为 $1.6\% \sim 3.1\%$。

4.14.2.2　仪器设备和试剂

(1) 仪器设备

① 活性炭管，热解吸型，内装 100mg 活性炭。

② 空气采样器，流量 $0\sim 500mL/min$。

③ 热解吸器。

④ 微量注射器，$10\mu L$。

⑤ 注射器，100mL，1mL。

⑥ 气相色谱仪，氢焰离子化检测器。

(2) 试剂

① OV-17，色谱固定液。

② Shimalite W，色谱担体，$80\sim 100$ 目。

③ 标准气：用微量注射器准确抽取一定量的乙醚（20℃，$1\mu L$ 乙醚为 0.7135mg），注入 100mL 的注射器中，用清洁空气稀释至 100mL，或用国家认可的标准气配制。

4.14.2.3　样品采集、运输和保存

(1) 样品的采集

① 短时间采样　在采样点，打开活性炭管两端，以 200mL/min 流量采气 15min。

② 长时间采样　在采样点，打开活性炭管两端，以 50mL/min 流量采气 $2\sim 8h$。

采集样品时，应做采样空白，即将活性炭管带至采样点，除不连接采样器采集空气

样品外，其余操作同样品。

（2）样品运输和保存

采样后，立即封闭活性炭管两端，置清洁容器内运输和保存。样品在室温下可保存 7d。

4.14.2.4 分析步骤

（1）仪器操作条件

色谱柱：2m×4mm，OV-17：Shimalite W＝1.5：100。

柱温：80℃。

汽化室温度：180℃。

检测室温度：180℃。

载气（氮气）流量：40mL/min。

（2）样品的前处理

将采样后的活性炭管放入热解吸器中，进气口与 100mL 注射器相连，出气口与载气（氮气）相连，设置流量为 60mL/min，于 300℃解吸至 100mL 供测定。若解吸气中待测物浓度超过测定范围，可用清洁空气稀释，计算时乘以稀释倍数。

（3）标准曲线的制备

用清洁空气稀释标准气成 0、0.25μg/mL、0.50μg/mL、1.0μg/mL、2.5μg/mL 的乙醚标准系列。参照仪器操作条件，将气相色谱仪调节至最佳测定状态，分别进样 1.0mL，测定标准系列。每个浓度重复测定 3 次。以测得的峰高或峰面积均值对乙醚或异丙醚浓度绘制标准曲线。

（4）样品测定

用与测定标准系列相同的操作条件测定样品和空白对照的解吸气，测得的样品峰高或峰面积值减去空白对照的峰高或峰面积值后，由标准曲线得乙醚浓度。

（5）计算

按式(4-21)将采样体积换算成标准采样体积：

$$V_。=V\times\frac{293}{273+t}\times\frac{P}{101.3} \tag{4-21}$$

式中　$V_。$——标准采样体积，L；

　　　V——采样体积，L；

　　　t——采样点的温度，℃；

　　　P——采样点的大气压，kPa。

按式(4-22)计算空气中乙醚或异丙醚的浓度：

$$C=\frac{c}{V_。D}\times100 \tag{4-22}$$

式中　C——空气中乙醚的浓度，mg/m³；

c——测得解吸气中乙醚的浓度，$\mu g/mL$；

100——解吸气的总体积，mL；

V_0——标准采样体积，L；

D——解吸效率，%。

时间加权平均容许浓度按 GBZ 159 规定计算。

参 考 文 献

[1] 国家环境保护总局《水和废水监测分析方法》编委会. 水和废水监测分析方法（第四版增补版）. 北京：中国环境科学出版社，2006：575-579.

[2] HJ 644—2013 环境空气　挥发性有机物的测定　吸附管采样-热脱附-气相色谱-质谱法.

[3] HJ 604—2011 环境空气　总烃的测定　气相色谱法.

[4] HJ/T 38—1999 固定污染源排气中非甲烷总烃的测定　气相色谱法.

[5] HJ 584—2010 环境空气　苯系物的测定　活性炭吸附/二硫化碳解吸-气相色谱法.

[6] GBZ/T 160.42—2007 工作场所空气有毒物质测定　芳香烃类化合物. 北京：人民卫生出版社，2008.

[7] GBZ/T 160.45—2007 工作场所空气有毒物质测定　卤代烷烃类化合物. 北京：人民卫生出版社，2008.

[8] GBZ/T 160.46—2004 工作场所空气有毒物质测定　卤代不饱和烃类化合物.

[9] GBZ/T 160.47—2004 工作场所空气中卤代芳香烃类化合物的测定方法.

[10] HJ 645—201 环境空气　挥发性卤代烃的测定　活性炭吸附-二硫化碳解吸/气相色谱法.

[11] HJ/T 33—1999 固定污染源排气中甲醇的测定气相色谱法.

[12] GBZ/T 160.48—2007 工作场所空气有毒物质测定　醇类化合物. 北京：人民卫生出版社，2008.

[13] HJ/T 37—1999 固定污染源排气中丙烯腈的测定气相色谱法.

[14] GBZ/T 160.68—2007 工作场所空气有毒物质测定　腈类化合物.

[15] GBZ/T 160.51—2007 工作场所空气有毒物质测定-酚类化合物. 北京：人民卫生出版社，2008.

[16] HJ/T 35—1999 固定污染源排气中乙醛的测定　气相色谱法.

[17] HJ/T 36—1999 固定污染源排气中丙烯醛的测定　气相色谱法.

[18] GBZ/T 160.54—2004 工作场所空气有毒物质测定-脂肪族醛类化合物. 北京：人民卫生出版社，2008.

[19] GB/T 14676—93 空气质量　三甲胺的测定　气相色谱法.

[20] GB/T 14678—93 空气质量　硫化氢、甲硫醇、甲硫醚和二甲二硫的测定　气相色谱法.

[21] GBZ/T 160.49—2004 工作场所空气有毒物质测定-硫醇类化合物.

[22] 吕庆，张庆，康苏媛，白桦，王超. 顶空气相色谱——质谱法测定涂料中的 5 种挥发性有机物. 分析测试学报. 2011, 30 (2)：171-175.

[23] 张伟亚，李英，刘丽. 许雪珍，杨左军，王成云. 顶空进样气质联用法侧定涂料中 12 种卤代烃和苯系物. 分析化学，2003, 31 (2)：212-216.

[24] 李宁. 刘杰民，温美娟，江桂斌，程慈琼. 吹扫捕集——气相色谱联用技术在挥发性有机化合物测定中的应用. 色谱. 2003, 21 (4)：343-346.

[25] 张新民，李小兰，吕冬彩. 固定污染源排气中非甲烷总烃的测定探讨. 广州化工，2012, 40 (7)：141-142, 149.

[26] 赵小敏，陈憬士，陈霞. 气相色谱法测定非甲烷总烃. 环境研究与监测杂志，2010 (9)：34-36.

[27] 潘金芳，赵一先，张大年. 气相色谱法测定大气和废气中非甲烷总烃. 化工环保杂志，1999 (3)：155-158.

[28] 徐东群，刘晨明，张爱军，董小艳，韩克勤，王桂芳，唐志刚 Tenax TA 吸附/二次热解吸/毛细管气相色谱法测定环境空气中苯系物的方法. 卫生研究. 2004, 33 (4).

[29] 徐文霞. 气相色谱法测定公共场所室内空气中苯系物. 河北化工. 2010, 33 (7).

[30] 李冰洁. 吴诗剑. 马微. 空气中苯系物测定力法的比较. 环境科学与技术. 2005, 28 (3).

[31] 吴忠祥．田文．上倩．樊强，高宝国．活性炭吸附-二硫化碳解吸——气相色谱法测定气态苯系物的实验室间比对分析研究．中国环境监测．2005, 21 (2).

[32] 李添娣，周伟，易娟，张文，林怡然，李双凤．工作场所空气中七种卤代烷烃类及芳香烃类化合物的气相色谱同时测定法．中华劳动卫生职业病杂志．2011, 29 (2) 146-147.

[33] 梁素丹，陈剑刚．工作场所空气中六种卤代烃类化合物的气相色谱同时测定方法．实用预防医学．2013, 20 (8) 1009-1011.

[34] 王英杰，覃利梅，苏旭，等．工作场所中二氯乙烯，四氯乙烯，二氯乙烷共存时的气相色谱测定法．广西科学院学报, 2006, 122 (5): 456-458.

[35] 季萍，霍伟．气相色谱法测定工作场所空气中醇类化合物．预防医学论坛．2007, 13 (9).

[36] 姜汉硕，尹萍，曲宁，陈卫，丘红梅，史立新，宋力伟．工作场所空气中五种醇类化合物的毛细管气相色谱测定法．中华劳动卫生职业病杂志．2006, 24 (10).

[37] 聂莉，余波，曲宁．作业场所空气中异戊醇的气相色谱测定法．中国公共卫生．2001 (01).

[38] 马鸿丽，孙卫荣．空气中乙二醇气相色谱测定法．中国卫生检验杂志．2001, 11 (6).

[39] 唐访良，许皖菁，冯宁．气相色谱法测定环境空气中的微量丙烯腈．色谱．2000, 18 (5).

[40] 程价．苏征．张阮胜．毛细管气相色谱法分析工业丙烯腈中有机杂质的含量．化学试剂．2009, 31 (5).

[41] 杜达安．许瑛华．顶空固相微萃取——气相色谱法测定水中的丙烯腈．卫生研究．2005, 34 (4).

[42] 缪建洋，马军，黄晓华，毛细管柱气相色谱法测定环境空气中的乙腈．第十四次全国色谱学术报告会．2003年4月1日.

[43] 杨丽莉，胡恩宇，母应锋，纪英．Tenax采样管富集气相色谱——质谱法测定空气中的痕量酚类化合物．色谱．2007, 25 (1).

[44] 杨丽莉，胡恩，母应锋，纪英．环境水体中痕量酚类化合物气相色谱——质谱联用测定法研究．中国环境监测．2007, 23 (4).

[45] 刘迎春，陈杰，吉华贵，孙成均．硅胶管吸附采样——毛细管气相色谱法同时测定空气中6种酚类化合物．中国职业医学．2011, 38 (6).

[46] 孔玉梅，刘扬，王平，刘景泰．气相色谱法测定空气中低分子量醛酮的方法研究．中国环境监测．2000, 16 (21) 69-72.

[47] 黄永海．赵双军．柴静娟．应用气相色谱仪测定公共场所空气中甲醛含量的方法研究．海峡预防医学杂志．2007, 13 (2).

[48] 朱仁康，王逸虹，侯定远．甲胺、二甲胺及三甲胺的气相色谱测定．中国环境监测．2000, 16 (1): 20-21.

[49] 钱瑾．夏凡．忻雯怡．唐红卫．洪晓倩气相色谱法测定环境空气中三甲胺．环境监测管理与技术．2003, 15 (6).

[50] 李雄明．钟爱国．气相色谱法测定环境空气中三甲胺．光谱实验室．2006, 23 (2).

[51] 赵丽娟．史让成．关屏．三甲胺色谱分析方法的改进研究．中国环境监测．2006, 22 (2).

[52] 罗春华．污染源排气中的硫化物检测技术探讨．科技信息（科学·教研）．2007 (18): 38.

[53] 李松，尹辉，黎国兰，何冀川，胡常伟．气相色谱法测定污染空气中恶臭硫化物．理化检验——化学分册．2007, 43 (7) 582-584.

[54] 戴军升．气相色谱/质谱联用法测定环境空气中恶臭类硫化物．环境监测管理与技术．2010, 22 (5): 42-44.

[55] 卞成萍，于兴龙．气相色谱法测定天然气中微量硫化氢羰基硫甲硫醇甲硫醚和二甲基二硫含量．科技创新导报．2009 (22): 7.

[56] 李娟．章勇．丁曦宁．热脱附/气相色谱法测定空气中含硫化合物．环境监测管理与技术．2009, 21 (6).

第 5 章

制药VOCs监测质量保证和质量控制（QA/QC）

制药行业排放的挥发性有机物组成复杂，容易挥发，浓度差异大，干扰因素多。样品采集、预处理、分析过程（包括分析时间、分析场地、分析人员、仪器设备、消耗品）都会产生误差。因此，必须建立科学的质量保证体系，采取有效的质量控制措施，对样品采集、样品预处理、实验室分析和数据处理进行全过程控制，才能保证监测数据的代表性、完整性、可比性、精密性和准确性。

由于制药挥发性有机物（VOCs）主要用色谱法（尤其是气相色谱和气质联机）进行分析，本章所述质量保证和质量控制措施主要针对气相色谱和气质联机，其他方法的质量保证和质量控制要求以及气相色谱和气质联机的特殊要求已在第 4 章监测方法概述中进行了介绍。

5.1　制药 VOCs 监测质量保证体系

质量保证是对整个监测过程的全面管理，是保证环境监测数据准确可靠的全部活动和措施。质量保证体系主要包括以下内容：制定监测计划，编制标准操作程序（包括监测点位布设程序、样品采集程序、样品保存与运输程序、实验室分析测试程序、数据处理与统计程序等全部监测程序的编制），数据管理及评价。制药 VOCs 质量保证体系如图 5-1 所示。

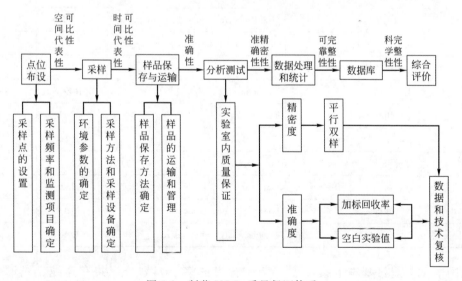

图 5-1　制药 VOCs 质量保证体系

5.1.1　制定监测计划

监测计划内容包括监测点位、监测时间、监测项目、监测频次、采样方法、采样设备、样品运输、样品保存、样品交接、分析方法、分析仪器等。

5.1.2 编制标准操作程序

标准操作程序主要包括试剂类的准备、配制、保管以及使用方法；采样装置的组装以及设备、器具的校正、操作方法；仪器性能评价、维护管理以及操作程序。

(1) 试剂类的准备、配制、保管以及使用方法

不同分析方法和仪器使用不同类型的试剂（见表5-1），试剂使用不当会因样品被掩蔽、污染导致数据不准确，甚至找不到样品信号。

表 5-1 试剂类型

序号	级别	名称	英文全称	代号	标志颜色
1	—	高纯(≥99.99%)	—	—	—
2	一级品	保证试剂、优级纯	Guaranteed reagent	G-R	绿色
3	二级品	分析试剂、分析纯	Analytical reagent	A-R	红色
4	三级品	化学纯	Chemical pure	C-P	蓝色
5	四级品	实验试剂	Laboratory reagent	L-R	棕色
6	—	基准	Primary reagent	P-T	—
7	—	光谱纯	Spectrum pure	S-P	—
8	—	液相色谱纯	HighPressure Liquid chromatography	HPLC	—
9	—	农残线	Pesticide reagent	P. R	—
10	—	气相色谱纯	Gas chromatography	GC	—
11	—	生化试剂	Biochemical	B-R 或 C-R	黄色
12	—	工业用	Technical grade	Tech	—
13	—	实习用	Practical use	Pract	—
14	—	分析用	Pro analysis	PA	—
15	—	指示剂	Indicator	Ind	—
16	—	微量分析试剂	Micro analytical reagent	MAR	—
17	—	有机分析标准	Organic analytical standard	OAS	—

我国的试剂规格基本上按纯度（杂质含量的多少）划分，共有高纯、光谱纯、基准、分光纯、优级纯、分析和化学纯等7种。国家和主管部门颁布质量指标的主要优级纯、分级纯和化学纯3种。

(2) 采样装置的组装以及设备、器具的校正、操作方法

采样前应对采样器性能容量校正情况随时检查，尤其是各种自动采样器的时空控制精度，应特别严格地控制管理。注意样品容器的一般处理及特殊处理，特殊处理应严格按要求进行。容器材质要符合监测分析的要求，应能密封不漏不渗。

（3）分析仪器性能评价、维护管理以及操作程序

制药 VOCs 监测中常用的仪器有气相色谱仪、气质联机、液相色谱仪、热脱附仪、分析天平、玻璃量器及各种通用分析仪器等。

为保证仪器设备满足要求，运行正常，必须有专人管理，需要对仪器设备的配置、使用、维护、运行、标识、停用、租借、记录、档案管理等制定完善的实施制度。

分析仪器开机、自检合格后应对仪器性能进行评价，包括能否调整到样品测定的条件；灵敏度、准确度、精密度、线性范围等指标是否满足要求。

仪器发生故障时，应立即查清原因，排除故障后方可继续使用，严禁仪器带故障运转。

应根据监测范围和工作量的需要配置实验室仪器设备，其技术性能指标应满足监测要求。仪器操作人员培训合格后才能单独操作仪器，应填写仪器检定周期表，标明其校准状况、标准物质及内标物质要能够溯源。必要时进行期间核查，确保在用仪器设备及软件能够达到要求的准确度。

（4）记录保管程序

为确保记录的原始性、准确性、可靠性、规范性和可追溯性，监测工作和质量活动中使用的原始记录的编制、填写、更改、识别、收集、索引、存档、维护和清理等均应控制管理，统一归档。超过保管期限的记录经相关负责人批准后统一销毁。

5.1.3 数据管理及评价

（1）数据审核

所有的原始数据，包括校准数据、质量控制结果和样品结果都需要经过审核后报出。

（2）报告内容

报告要提供以下内容：

① 校准数据报表；

② 标准曲线数据报表；

③ 空白数据报表；

④ 样品数据报表；

⑤ 质量控制（QC）数据报表；

⑥ 实验室检出限数据报表；

⑦ 以上各个文件的谱图和原始数据。

（3）分析时间

每批样品要注明第一个样品（调整样品）的分析时间和最后一个样品的分析时间。

5.2 制药 VOCs 监测质量控制措施

质量控制是满足环境监测质量需求所采取的操作技术和活动。质量控制措施主要包括对前期准备、样品采集、实验室分析、数据处理等方面的质量进行有效控制的具体技术活动。

5.2.1 制药 VOCs 前期准备的质量控制

前期准备工作主要包括监测方法的选择和验证、仪器性能调试、消耗品检验等。

5.2.1.1 监测方法选择和验证

监测方法应首选国家标准方法，其次为行业标准方法、行业内统一的方法或地方标准方法。在某些项目的监测中，尚无标准和统一分析方法时，可采用 ISO、美国 EPA 和日本 JIS 方法体系等其他可靠的分析方法，但应经过验证是否适用，其检出限、准确度和精密度应能达到质控要求。必要时，应按本单位编写的《作业指导书》或《附加细则》中的监测方法以确保应用的一致性，当采用非标方法或当客户对监测程序有偏离要求时，应执行《非标准方法确认程序》。如科研或委托项目可根据科研或委托人要求制定采样方法，非标方法编制完成后需要与标准方法进行比对或用标准品、实际样品进行适用性验证。

5.2.1.2 仪器性能调试

仪器性能调试包括仪器开机正常、自检通过、检验仪器的稳定状态（如基线稳定性），通过标准品检验响应信号的精密度、线性以及灵敏度是否能够达到监测方法要求。

5.2.1.3 消耗品检验

消耗品主要包括纯水、试剂、标准溶液、量具等。纯水和试剂检验主要是检验是否有待测组分和干扰物，标准溶液需要进行标定或用质控样检验，各种量具需要进行检定或校准。

5.2.2 制药 VOCs 样品采集过程中的质量控制

由于制药 VOCs 组分复杂，不同组分化学性质不同。需要根据待测组分的化学性质结合监测目的设计合理的监测方案。样品采集主要包括采样方法和设备的选择、采样点的布设、样品保存和运输、采样条件及过程记录等四部分，样品采集过程的质量控制也按这四部分进行。

5.2.2.1　采样设备和方法的选择

采样方法一般包含在监测方法中。采样设备依据采样方法、样品性质、浓度及实验条件，参照 VOCs 样品的采集和保存要求进行选择。注意采集的样品量应能满足实验室分析的要求。应定期对采样器的流量计和采样泵等关键零部件及整体性能进行检查。离线采样技术，如采样器采样和苏玛罐采样可选择瞬时采样、定时采样、限体积采样或限流累积采样，在线系统则必须采用连续自动采集方式。

5.2.2.2　采样点的布设

采样点的科学布设是保证监测数据能够真实反映测定区域真实情况，并能够达到研究目标的重要前提。采样点的选择应根据监测目的、设备情况、环境条件和污染状况进行合理布设。可选择区域多监测点，也可以选择合适的点位进行自动连续监测；既要在下风向加密监测，又要在上风向采集对照点；既监测污染源集中的点位，也要监测区域背景点。样品采集的时间和频率应根据具体监测目的、采样方案要求和现场条件确定。

5.2.2.3　采样介质的准备

采样介质包括吸收液、吸附剂、注射器、气袋、采样罐等。采样前需要检查采样介质的空白情况，待测物质在采样介质中的空白值必须小于具体分析方法的最大允许值（一般以检出限为准）。空白值达不到要求的必须有针对性的采取应对措施：吸收液（或活性炭填充的玻璃吸收管）需要更换，考虑到安全问题和工作效率，一般不建议分析人员自行净化吸收液；注射器可用洁净的空气或氮气反复冲洗；吸附管、采气袋和苏玛罐最好用自动净化装置重新净化。另外注射器和气袋使用前必须检查气密性。

5.2.2.4　样品的运输和保存

一般制药 VOCs 样品不易保存，采样完毕后应立即送回实验室进行分析，运输过程中应防止样品污染和泄漏。如不能立即送检，应注意按要求在合适的温度下避光保存，并不得超过保存期限。

5.2.2.5　采样记录

采样过程中应记录样品名称、监测点位、采样时间（年、月、日及采样起止时间）、采样流量或体积、采样人员信息、采样设备名称和编号、采样设备校准情况、采样设备状态、气候条件、周边环境条件，从而保证采样后如果发现问题能够追溯到当时的工作状态。在线样品采集系统也应建立相应的采样档案。

5.2.3 样品预处理过程中的质量控制

根据采样方法，制药 VOCs 预处理技术主要有以下几种：用吸收液吸收的样品可以直接进样或液液萃取后进样；用吸附管采集的样品一般采用热脱附自动进样（活性炭填充的玻璃管采集的样品用溶剂解析后进样）；采气袋和苏玛罐采集的样品可以使用自动进样装置自动浓缩、稀释和进样。

样品预处理过程会带来样品污染或损失。测定全程空白是发现和解决预处理过程中产生污染问题的有效办法。样品损失情况常用加入平行加标（MSD，即在两个平行样中的一个样品加入已知量的待测物质）或加入替代品的方式进行质量控制，一般在实验室接收到样品后或在样品预处理前加入，必要时也可以在样品采集时加入。

5.2.4 样品分析过程的质量控制

制药 VOCs 样品分析过程的质量控制主要包括空白试验、检测范围计算、标准曲线绘制、准确度和精密度考核、质控图的绘制与评价等。

5.2.4.1 空白试验

空白试验包括仪器空白、试剂空白（按样品分析条件测定试剂）、方法空白、现场空白、运输空白、前处理空白、全程空白等。不同类型空白产生于不同分析阶段，提供不同的样品污染状况信息（详见表 5-2），必须逐项进行试验验证以确保样品不会被污染。

在仪器开机后、样品测定前先做仪器空白试验和试剂空白试验，一般要求无目标化合物或目标化合物折算后浓度低于检出限，满足方法要求后才能进行样品分析。每工作日分析第一个样品之前在质控样后、仪器分析 12h 后、更换试剂后或进高浓度样品后分别需要加做一个实验室试剂空白试验。任何指标超出允许标准都需要重新分析直至全部指标合格，之后才能分析样品。

每批样品（1 批中最多有 20 个样品）需至少分析 1 个全程空白。全程空白试验中检出每个目标化合物的浓度不得超过方法的检出限。气质联机全程空白试验中每个内标特征离子的峰面积要在同批质控样中内标特征离子的峰面积的 $-50\% \sim 100\%$。空白试验中每个内标的保留时间与在质控样中相应内标保留时间偏差要求在 $\pm 0.50\text{min}$ 以内。任何指标超出允许标准都需要重新分析直至全部指标合格，之后才能分析样品。

表 5-2　空白类型、产生阶段和提供的信息

空白类型	空白样品产生阶段	提供的信息
全程空白（现场空白）：用无目标待测物加入的、基体与实际样品相同的样品	整个实验过程	解释来自于采样至分析过程中的污染情况，如现场条件、容器、保存剂、样品运输、贮存、预处理、分析等环节中的污染情况
运输空白：空白样品在现场或实验室准备好，随实际样品一起运输，在旅途中密封	运输及以后	评价来自于容器、保存剂、运输、贮存、样品预处理、测试等过程的污染情况
方法空白：用除目标待测物，其余试剂均存在的相同基体样品作为空白，用于检测实验室中是否有污染	在实验室预处理和分析时	评价样品预处理和测试体系的污染情况
试剂空白：样品预处理和测试时使用的试剂造成的空白	在实验室预处理和分析时	检查来自于样品预处理时使用的特定试剂
仪器空白：在测试过程中获得	在分析过程中	了解来自测试体系的污染情况

5.2.4.2　加标

(1) 加标回收

加标回收分为空白加标（基体加标）和样品加标两种。

空白加标回收是在没有被测物质的空白样品基质中加入定量的标准物质，按样品的处理步骤分析，得到的结果与理论值的比值即为空白加标回收率。样品加标回收是相同的样品取两份，其中一份加入定量的待测成分标准物质；两份同时按相同的分析步骤分析，加标的一份所得的结果减去未加标一份所得的结果，其差值同加入标准物质的理论值之比即为样品加标回收率。

通过求出回收率，确认从提取到前处理过程中测定样品成分的损失和污染情况，判断是否进行了合理的前处理，是否可以定量。

$$加标回收率 = \frac{加标试样测定值 - 试样测定值}{加标量} \times 100\% \tag{5-1}$$

每批样品（1批中最多有20个样品）必须做1个基体加标和基体加标平行样。加标浓度为原样品浓度的1～5倍。基体加标和基体加标平行样在与原始样品相同的测试条件下进行分析。

(2) 内标物和替代物

内标物一般用于内标法定量。内标法定量是将一定质量的纯物质（非被测组分的纯物质）作为内标物，加入到准确称取的试样中，根据被测物质和内标物的质量及其在色谱图上相应峰面积之比，求出被测组分的质量分数。

选择内标物应遵循的原则如下。

① 内标物是试样中不存在的纯物质，否则会使色谱峰重叠而无法准确测定试样的

色谱峰面积；

② 内标物的物理及物理化学性质应与被测物相近，当操作条件发生变化时，内标物与被测物均受到相应的影响，两者相对校正因子基本不变；

③ 内标物的色谱峰位于被测物色谱峰的附近，且能与被测物色谱峰完全分离；

④ 内标物的浓度应与被测物的浓度相近。

常用的内标物有二溴氟甲烷、全氟苯、全氟甲苯、4-溴氟苯和溴五氟苯。加标及计算步骤如下。

精密称（量）取对照品和内标物质，分别配成溶液，精密量取各溶液，配成校正因子测定用的对照溶液。取一定量注入仪器，记录色谱图，再根据含内标物质的供试品溶液色谱峰响应值，计算含量。

$$m_i = \frac{fA_i}{A_s/m_s} \tag{5-2}$$

式中　m_i——样品含量；

　　　A_i——样品峰面积或峰高；

　　　A_s——内标物质的峰面积或峰高；

　　　m_s——加入内标物质的量；

　　　f——校正因子。

校正因子的计算公式为：

$$f = \frac{A_s/m_s}{A_r/m_r} \tag{5-3}$$

替代物主要用于监控整个实验流程的测试效果，尤其是基体效应。替代物必须与待测物质理化性质非常接近，比内标物要求更严格，所以一般选用待测物质的氘代物，如1,2-二氯乙烷-d4、苯-d8、甲苯-d8、1,4-二氯苯-d4 等。

空白和样品中替代物的回收率通常在 40%～120% 内。对于样品，如果 1 个或多个替代物回收率超过允许标准，样品需重新分析。如果重新分析样品的替代物回收率合格，则报告重新分析的样品结果。如果重新分析样品的回收率和第一个样品一样，则两个结果都需报出，说明是基体效应。

5.2.4.3　灵敏度和检出限

(1) 灵敏度

灵敏度是指监测方法或监测仪器在被测物质改变单位重量或单位浓度时所引起的响应量变化的程度。它反映了该方法或仪器的分辨能力。监测方法和监测仪器确定后，灵敏度具有一定稳定性，但是也会受到实验室环境条件（如湿度）和消耗品（如试剂、实验用水）的影响。目前，表征制药 VOCs 监测方法或仪器灵敏度的概念有检出限、定量限、定量上限和定量下限），最常用的是检出限。

(2) 检出限

检出限是指由特定的分析步骤能够合理地检测出的最小分析信号求得的最低浓度（或质量）。连续分析5～7个接近于检出限浓度的实验室空白加标样品，计算其标准偏差 S。

$$MDL = St(n-1, 0.99) \tag{5-4}$$

式中　MDL——检出限；

　　　S——标准偏差；

　　　n——样品数量；

　　　t——样品数为 n，置信度为 0.99 时查表得出的 t 检验系数。

进行上述分析时，要求各组分的平均准确度在 $80\%\sim120\%$ 之间，相对标准偏差（RSD）应小于 20%。一般要求，加标样品测定平均值与 MDL 比值在 3～5 之间。对于初次加标样品测定平均值与 MDL 比值不在 3～5 之间的化合物，要增加或减少浓度，重新进行平行分析，直至比值在 3～5 之间。选择比值在 3～5 之间的 MDL 作为该化合物的 MDL。

待测组分较多时，满足要求的组分数目要大于 50%；比值小于 1 和大于 20 的化合物数目要小于 10%。

有时也会通过逐步稀释法获得信噪比为 3 时的样品浓度（或质量）作为检出限，但必须是多次平均值。

(3) 定量限

定量限是定量分析方法实际可测定的某组分的最低浓度（或质量）。定量限的测定方法与检出限类似，将样品稀释到 10～15 倍信噪比，重复测定，以 10 倍信噪比对应的浓度（或质量）作为定量限。有时将定量限称为定量下限，与之对应的为定量上限。定量上限一般指仪器最大检出质量或浓度，或者为标准曲线的最大质量或浓度。当样品质量或浓度大于定量上限时，必须减小进样量或进行稀释。

5.2.4.4　标准曲线

标准曲线一般用最小二乘法求得，求出对已知各数据点误差最小的直线回归方程式，其数字表达式为：

$$y = bx + a \tag{5-5}$$

式中　y——分析方法或仪器的响应量；

　　　x——被测物质的质量或浓度；

　　　a——截距；

　　　b——方法灵敏度，校准曲线的斜率。

b 也称为回归系数，反映该方法（仪器）的灵敏度，b 值越大，灵敏度越高。

评价标准曲线是否合适的指标除了截距和斜率外，还有相关系数。

如有一组测定值，自变量为：x_1, x_2, x_3, $\cdots$, x_n。

相应的因变量为：y_1, y_2, y_3, $\cdots$, y_n。

则相关系数为：

$$r = \frac{s_{xy}}{\sqrt{s_{xx}s_{yy}}} \tag{5-6}$$

相关系数 r 的取值范围是$-1 \leqslant r \leqslant 1$，其物理意义是：

① $r > 0$ 时，x 和 y 正相关；

② $r < 0$ 时，x 和 y 负相关；

③ $r = 0$ 时，x 和 y 不相关，即 x 和 y 无线性关系；

④ $r = \pm 1$ 时，两变量完全相关。当 $r = 1$ 时，两变量完全正相关；当 $r = -1$ 时，两变量完全负相关。

一般标准曲线相关系数绝对值越大越好，截距越小越好，斜率则应保持稳定，否则应找出原因加以纠正，重新绘制标准曲线。

标准曲线绘制可以使用计算器、excel 表，有些仪器也可以自动模拟。但是，有些仪器求得的是 r^2 值，需要开方求得 r 值。

5.2.4.5　样品

超过初始校准曲线上限的化合物一定要稀释重新分析，两个结果都要报出，稀释后样品浓度要大于曲线第三点浓度。在高浓度样品和低浓度样品一批分析时，高浓度样品会对低浓度样品产生记忆效应。遇到一个高浓度样品时，要分析一个或更多空白样品，直至消除记忆效应，随后才能分析下一个样品。

5.2.4.6　目标化合物的定性

色谱法一般采用保留时间定性，目标化合物的保留时间（RRT）一定要在 ± 0.06RRT单位内。质谱法采用保留时间和特征离子相结合的方式。

质谱分析时标准质谱图的相对离子丰度高于 10% 以上，所有离子在样品质谱图中均要存在。

标准和样品谱图之间上述特定离子的相对强度要在 20% 之内。在样品谱图中存在相对离子丰度高于 10% 的离子，但标准谱图中不存在，可能由于干扰的原因，需要进行峰纯度分析。

如果非目标化合物的响应大于它之前的内标的 10% 以上，它的保留时间在第一个目标化合物山峰前 30s 和最后一个化合物出峰后 3min 之内，它就应当报出。如果其质谱图匹配度不够（一般 < 80%），则报"未知"，如果可能的话，报"未知烃类化合物"或"未知卤代化合物"。

5.2.4.7　目标化合物的定量

用校准曲线的平均相对响应因子来定量目标化合物。目标化合物的浓度不要超过初始校准曲线的上限。超过校准曲线上限的化合物一定要稀释重新分析。

$$C = \frac{A_x I_s \mathrm{Df}}{A_{is} \mathrm{RF}} \tag{5-7}$$

式中　C——样品浓度，$\mu g/L$；

　　　A_x——目标化合物特征离子的峰面积；

　　　A_{is}——内标氟苯特征离子的峰面积；

　　　I_s——内标的浓度，$10\mu g/L$；

　　　RF——响应因子；

　　　Df——稀释倍数。

未知化合物以它之前的内标定量，RF 值以 1 计，以总离子谱图峰面积定量。

5.2.5　实验室质控样（LCS）

每批分析样还要用实验室质控样（LCS）来评价分析方法的可行性。实验室质控样的基体应与待测样品的性质相似，其重量或体积也一样，可以是有证标样。当基体加标（MS）的结果表明可能有样品基体干扰存在时，实验室质控样的结果可用来确证实验室在干净基体中能成功完成分析工作。实验室质控样必须在与原始样品相同的测试条件下进行分析。

各实验室可通过质控图或其他技术，建立自己的各种基体的加标和实验室质控样评价标准。许多方法中对实验室质控样未规定控制范围，可使用 70%～130% 的普适标准，直至逐渐建立更合理的实验室质控样标准。一般来讲，鉴于实验室质控样是在干净的基体中制得的，实验室质控样的标准应该满足基体加标的标准要求。

5.2.6　质量控制图的应用

质量控制图是基于对实验分析过程质量加以测定、记录，从而评估和监督实验过程是否处于控制状态的一种统计方法而设计的图。质量控制图也是用于区分异常或特殊原因引起的实验分析结果波动和实验过程固有的随机波动的一种特殊统计工具。

5.2.6.1　质量控制图的理论基础

质量控制图是根据分析结果之间存在着变异（即分析误差），而这种变异是按正态分布的原理编制而成。在统计检验中，通常取显著性水平为 0.10、0.05、0.01。在质量控制图中则取 $\pm 3\sigma$（σ 为标准偏差），其实际显著性水平为 0.0027。因此，在对样品进行有限次测定的条件下，测定值不可接受的概率为 0.27%。这一概率是非常低的，如若发生，依照小概率事件实际上不发生的原理，即可判断为异常。

常用的质量控制图有单值质控图、均值-极差质控图、回收率质控图和空白质控图四种。

5.2.6.2 质量控制图的绘制

质量控制图通常由一条中心线，上、下控制限，上、下警告限及上、下辅助线组成。中心线表示预期值；上、下警告限之间的区域为目标值；在中心线和上、下警告限之间各一半处有上、下辅助线；上、下控制限之间的区域为实测值的可接受范围。横坐标为样品序号（或日期），纵坐标为统计值（见图5-2）。

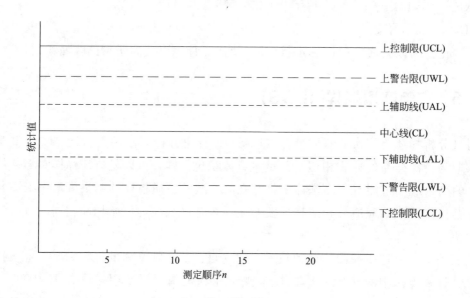

图 5-2　质量控制图的基本组成

建立质控图首先要分析质量控制样品，根据日常工作的分析频率和分析人员的技术水平，每间隔适当时间，取一个控制样品，随样品同时测定，不得以一次测定多个数据的方式完成。将控制样品的测定结果（至少20个），根据下列规定判断分析过程是否受控。

① 如果该点在上、下警告限之间，则测定过程处于受控状态，分析结果有效。

② 如果该点超出上、下警告限，仍在上、下控制限之间，则分析质量开始变劣，分析结果有失控倾向，应初步检查，并采取矫正措施。

③ 若该点落在上、下控制限之外，则表示过程失控，因立即停止分析工作，检查原因，纠正后重新测定。

④ 当连续7点处于中心线同一侧时，表示分析过程已出现系统误差，处于失控状态，应剔除这7个点重做；若第5点之后出现了连续处于中心线同一侧的情况，应剔除这些点后至少补10个以上的数据。

⑤ 若连续7个点呈现上升、下降趋势，则判断分析质量出现异常，处理方法同④。

5.2.7　实验室外部分析质量控制 （实验室间质量控制）

实验室外部质量控制是针对使用同一分析测定方法时，由于实验室和实验室之间条件（如试剂、蒸馏水、玻璃器具、分析仪器、实验室温度、湿度等）、操作人员技术水平以及操作习惯不同所引起的系统误差而提出的。

实验室间的质量控制的办法通常是采用在实验室内质量控制的基础上，由上级中心实验室对下级实验室进行分析质量考核。在各实验室完成内部质量控制的基础上，由中心实验室提供标准样品，分发给各受控实验室，各实验室在规定期间内对标准样品进行测定，并把测定过程和结果报回中心实验室，然后由中心实验室将测定结果作统计外理，按有关统计量评价各实验室测定结果的优劣。考核合格的实验室，其常规监测分格数据可被承认和接受，而对于那些考核不合格的实验室要及时寻求技术上的帮助和指导，以尽快提高监测分析质量。

实验室外部分析质量控制的目的是：
① 提高各实验室的监测分析水平，增加各实验室之间测定结果的可比性；
② 发现一些实验内部不易核对的误差来源，如试剂纯度、仪器质量等方面的问题。

参 考 文 献

[1] 《空气和废气监测分析方法》编委会. 空气和废气监测分析方法. 第四版. 北京：中国环境科学出版社，2003.

[2] 吴鹏鸣等. 环境空气监测质量保证手册. 北京：中国环境科学出版社，1989.

[3] 赵淑莉，谭培功. 空气中有机物监测分析方法. 北京：中国环境科学出版社，2005.

[4] 魏复盛，滕恩江. 空气和废气监测分析方法. 第四版. 北京：中国环境科学出版社，2003.

[5] HJ/T 373—2007，固定污染源监测质量保证与质量控制技术规范.

[6] 何星存，倪小明，陈孟林，杨崇毅，洪作良. 大气颗粒物中多环芳烃分析方法的 QA/QC 研究. 广西师范大学学报（自然科学版），2003，10 (21)：202-203.

[7] 杨冬雪. 福建省环境空气自动监测质量保证与质量控制现状及发展对策. 福建分析测试，2008，17 (2)：71-73.

[8] 田丽娟. 固定源烟尘（气）现场监测中的质量控制. 科技资讯，2008 (34)：114-115.

[9] 邵峰. 锅炉烟尘、烟气监测质量控制探讨. 中国环境监测，2006，22 (3).

[10] 王珏斐，温泉. 浅谈锅炉烟尘监测过程中的质量控制. 黑龙江环境通报，2011 (4)：80-86.

[11] 沈燕燕，施敏，徐红，张俊杰. 浅析烟尘监测现场采样的质量控制. 绿色科技，2013 (10)：196-197.

[12] 彭友娣，颜昌林，何波. 环境空气中铅监测的质量控制. 安全与环境工程，2012，19 (5)：74-76.

[13] 郭卫兴，胡敏，刘启贞. 烟气 CEMS 比对监测及质量控制、数据审核要点解析. 黑龙江环境通报，2009，33 (2)：51-52.

[14] 郑云华. 固定污染源废气有组织排放手工监测质量控制与实施. 环境科学导刊，2011，30 (4)：76-79.

[15] 孙立杨. 环境空气监测全程质量控制探析. 魅力中国，2011 (18)：400.

[16] 王祥峰，张莉. 环境空气中氟化物监测的质量控制方法探讨. 福建分析测试，2008，17 (2)：74-76.

[17] 梁雪玲. 环境空气监测的质量控制措施研究 [EB/OL]. (2013-10-9).

[18] 金丽莎，刘玉，刘荣，谭培功. 气相色谱——质谱测定环境样品的质量控制与质量保证. 化学分析计量，2007，16 (3)：56-58.

[19] 孙思思，刘季芬，徐兵. 气相色谱质谱法分析挥发性有机污染物质量控制研究. 环境科学，1993，14（4）：81-86.

[20] 孙思思，刘秀芬. 毛细管柱气相色谱质谱法分析优先监控物的质量研究半挥发性有机物. 环境科学学报，1993，13（1）：59-72.

附 图

质谱图（按英文字母顺序排列）

1. 丙酮（Acetone）

2. 苯（Benzene）

3. 氯甲苯（Benzyl chloride）

4. 溴甲烷（Bromomethane）

5. 1,3-丁二烯（1,3-Butadiene）

6. 二硫化碳（Carbon disulfide）

7. 氯苯（Chlorobenzene）

8. 一氯二溴甲烷（Chlorodibromomethane）

9. 氯仿（Chloroform）

10. 氯甲烷（Chloromethane）

11. 3-氯丙烯（3-Chloropropene）

12. 环己烷（Cyclohexane）

13. 顺-1,3-二氯丙烯（cis-1,3-Dichloropropene）

14. 1,2-二溴乙烷（1,2-Dibromoethane）

15. 1,2-二氯苯（1,2-Dichlorobenzene）

16. 1,3-二氯苯（1,3-Dichlorobenzene）

17. 1,4-二氯苯（1,4-Dichlorobenzene）

18. 二氯二氟甲烷，Freon 12（DichlorodifluoromethaneHalocarbon 12）

19. 1,1-二氯乙烷（1,1-Dichloroethane）

20. 1,2-二氯乙烷（1,2-Dichloroethane）

21. 二氯四氟乙烷，Freon 114（DichlorotetrafluoroethaneHalocarbon 114）

22. 1,4-二噁烷（1,4-Dioxane）

23. 乙酸乙酯（Ethyl acetate）

24. 乙苯（Ethylbenzene）

25. 4-乙基甲基苯（4-Ethyltoluene）

26. 庚烷（Heptane）

27. 六氯-1,3-丁二烯（Hexachloro-1,3-butadiene）

28. 2-己酮（2-Hexanone）

29. 异丙醇（Isopropanol）

30. 二氯甲烷（Methylene chloride）

31. 2-丁酮 （Methyl ethyl ketone）

32. 4-甲基-2-戊酮 （4-Methyl-2-pentanone）

33. 二氯一溴甲烷 （Bromodichloromethane）

34. 正己烷 （*n*-Hexane）

35. 邻二甲苯 （*o*-Xylene）

36. 丙烯 （Propylene）

37. 对二甲苯 （*p*-Xylene）

38. 苯乙烯 （Styrene）

39. 甲基叔丁基醚 （*tert*-Butyl methyl ether）

40. 1,1,2,2-四氯乙烷 （1,1,2,2-Tetrachloroethane）

41. 四氯乙烯 （Tetrachloroethylene）

42. 四氢呋喃 （Tetrahydrofuran）

43. 反-1,2-二氯乙烯 （*trans*-1,2-Dichloroethene ）

44. 反-1,3-二氯丙烯 （*trans*-1,3-Dichloropropene）

45. 三溴甲烷 （Tribromomethane）

46. 三氯乙烯 （Trichloroethene）

47. 1,1,2-三氯乙烷 （1,1,2-Trichloroethane）

48. 1,3,5-三氯苯(1,3,5-Trichlorobenzene)

49. 三氯一氟甲烷，Freon 11 （Trichlorofluoromethane，Halocarbon 11）

50. 三氯三氟乙烷，Freon113 （1,1,2-Trichlorotrifluoroethane，Halocarbon 113）

51. 异辛烷 （2,2,4-Trimethylpentane）

52. 甲苯 （Toluene）

53. 1,3,5-三甲苯 （1,3,5-Trimethylbenzene）

54. 乙酸乙烯酯 （Vinyl acetate）

55. 溴乙烯 （Vinyl bromide）

56. 氯乙烯 （Vinyl chloride）

1. 丙酮 （Acetone）

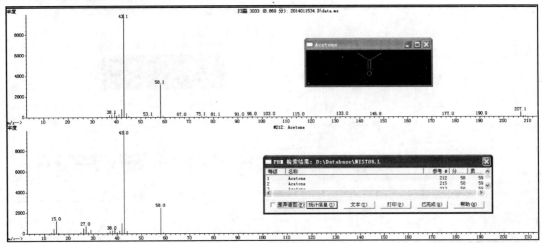

2. 苯 （Benzene）

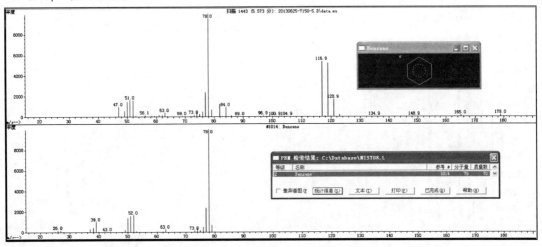

3. 氯甲苯 （Benzyl Chloride）

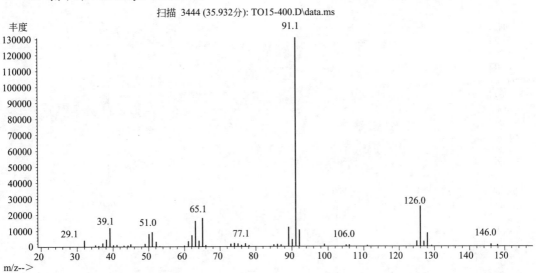

4. 溴甲烷（Bromomethane）

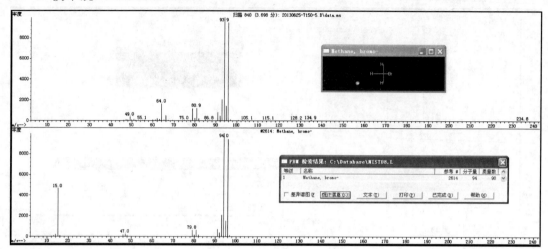

5. 1,3-丁二烯（1,3-Butadiene）

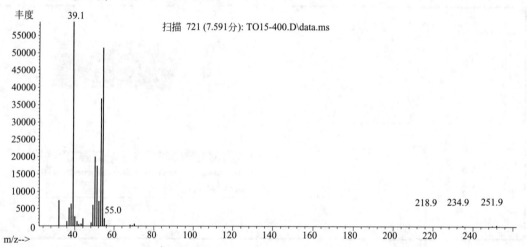

6. 二硫化碳（Carbon disulfide）

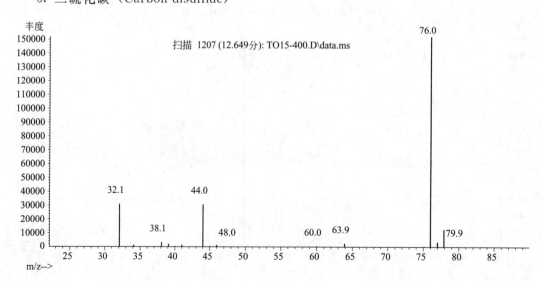

7. 氯苯（Chlorobenzene）

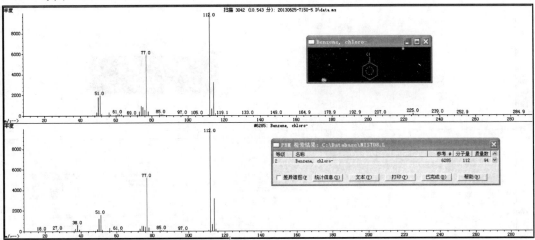

8. 一氯二溴甲烷（Chlorodibromomethane）

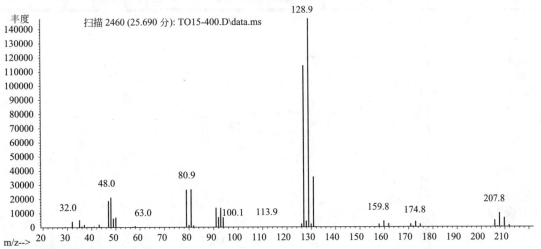

9. 氯仿（Chloroform ）

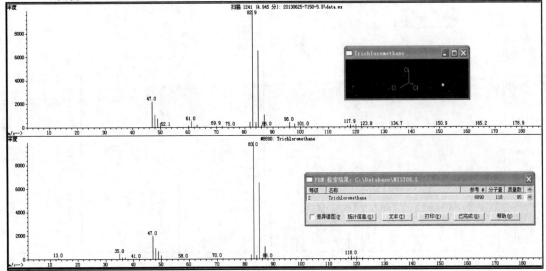

10. 氯甲烷（Chloromethane）

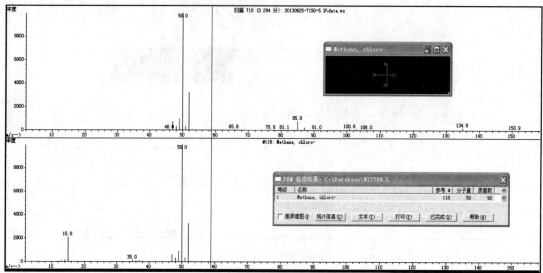

11. 3-氯丙烯（3-Chloropropene）

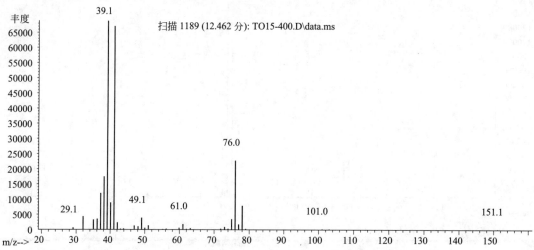

12. 环己烷（Cyclohexane）

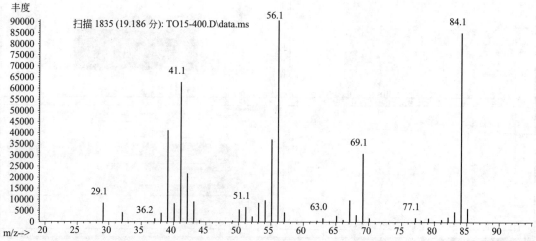

13. 顺-1,3-二氯丙烯 （*cis*-1,3-Dichloropropene）

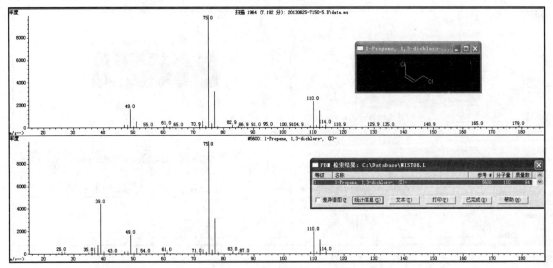

14. 1,2-二溴乙烷 （1,2-Dibromoethane）

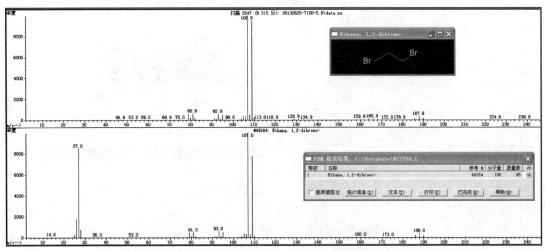

15. 1,2-二氯苯 （1,2-Dichlorobenzene）

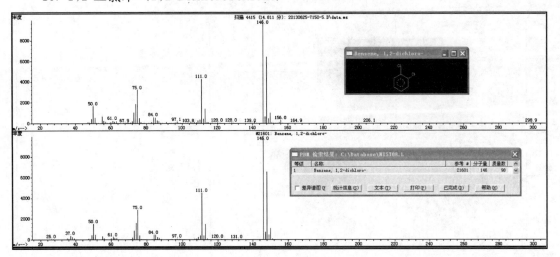

16. 1,3-二氯苯（1,3-Dichlorobenzene）

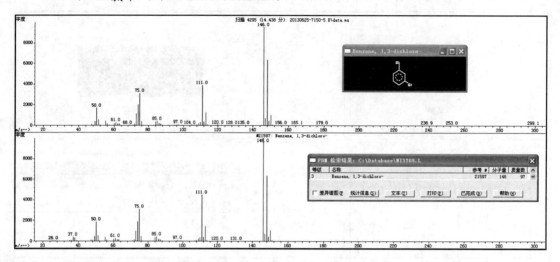

17. 1,4-二氯苯（1,4-Dichlorobenzene）

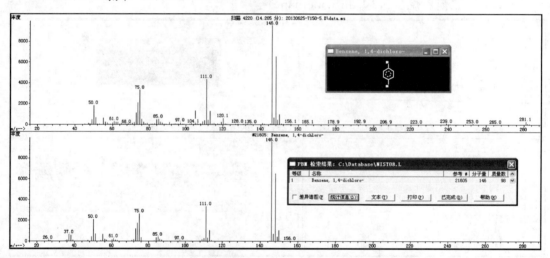

18. 二氯二氟甲烷，Freon 12（Dichlorodifluoromethane，Halocarbon 12）

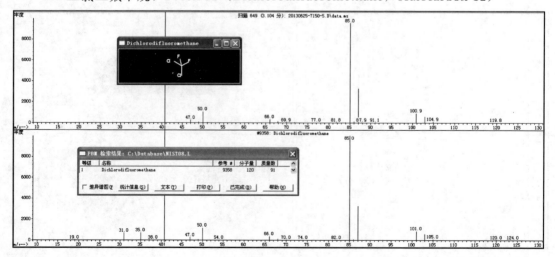

19. 1,1-二氯乙烷（1,1-Dichloroethane）

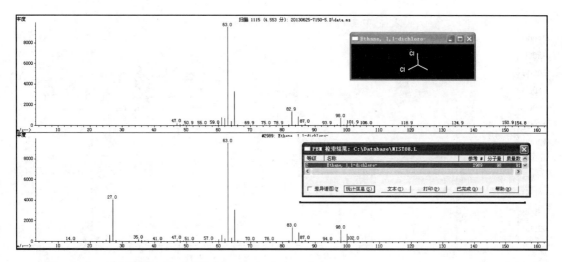

20. 1,2-二氯乙烷（1,2-Dichloroethane）

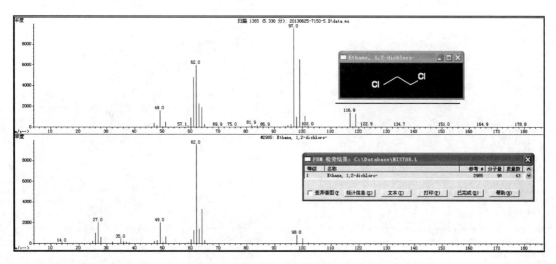

21. 二氯四氟乙烷，Freon 114（Dichlorotetrafluoroethane，Halocarbon 114）

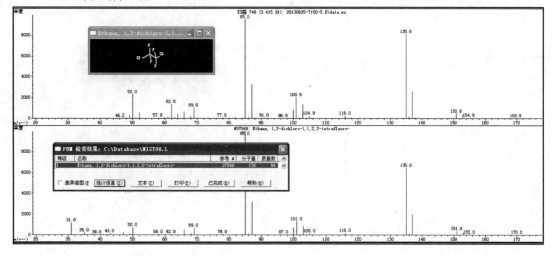

22. 1,4-二噁烷（1,4-Dioxane）

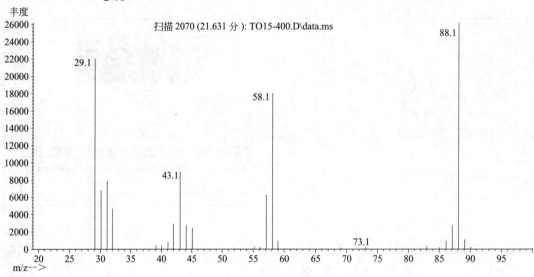

23. 乙酸乙酯（Ethyl acetate）

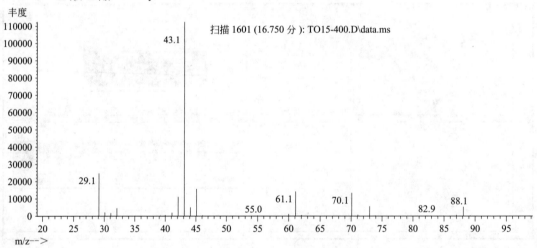

24. 乙苯（Ethyl benzene）

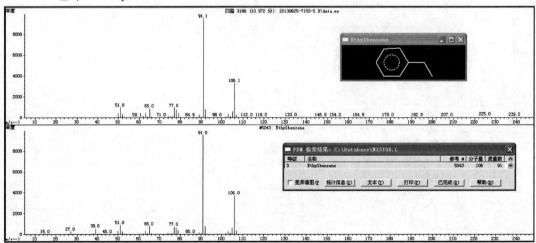

25. 4-乙基甲基苯（4-Ethyltoluene）

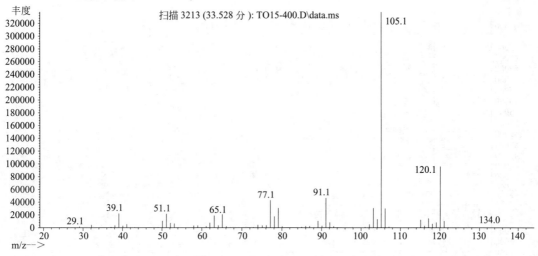

26. 庚烷（Heptane）

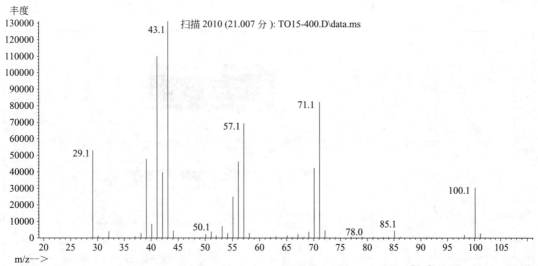

27. 六氯-1,3-丁二烯（Hexachloro-1,3-butadiene）

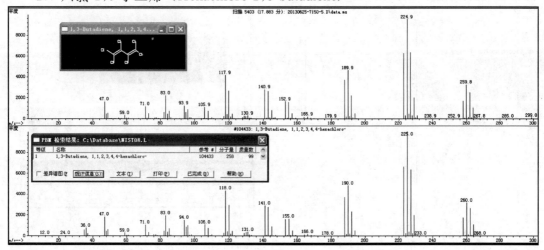

28. 2-己酮（2-Hexanone）

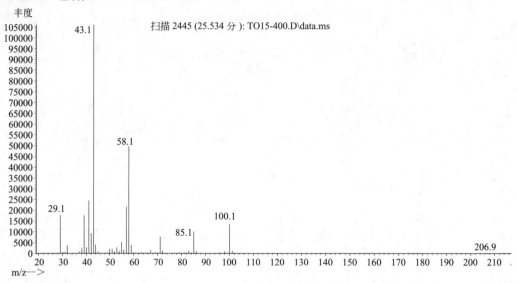

29. 异丙醇（Isopropanol）

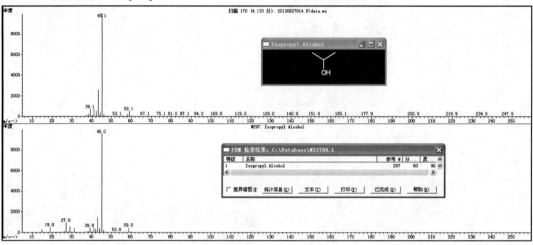

30. 二氯甲烷（Methylene chloride）

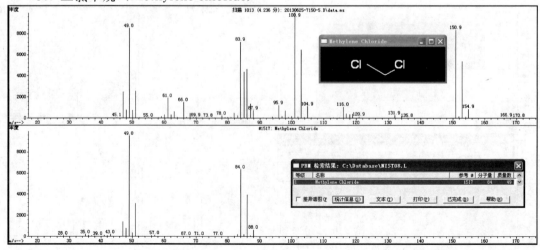

31. 2-丁酮 （Methyl ethyl ketone）

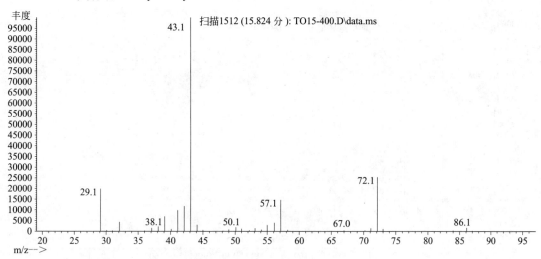

32. 4-甲基-2-戊酮 （4-Methyl-2-Pentanone）

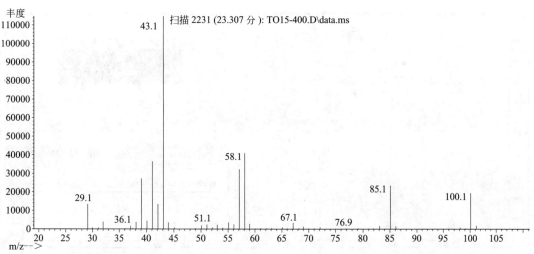

33. 二氯一溴甲烷 （Bromodichloromethane）

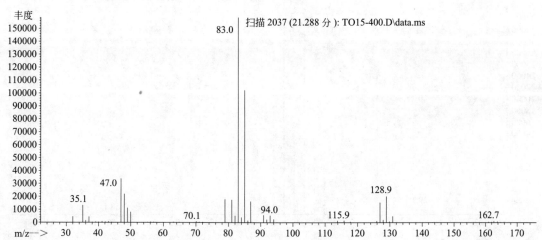

34. 正己烷（*n*-Hexane）

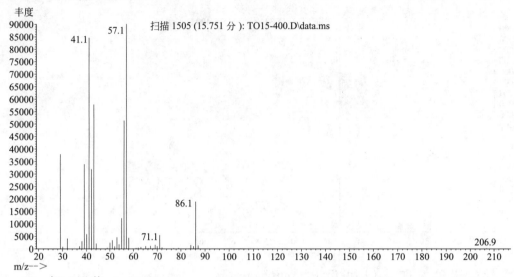

35. 邻二甲苯（*o*-Xylene）

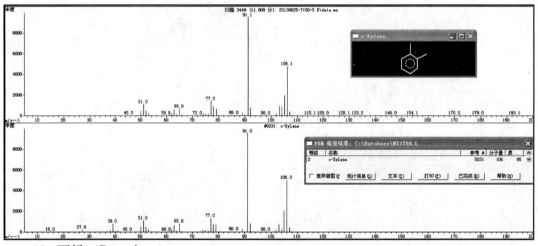

36. 丙烯（Propylene）

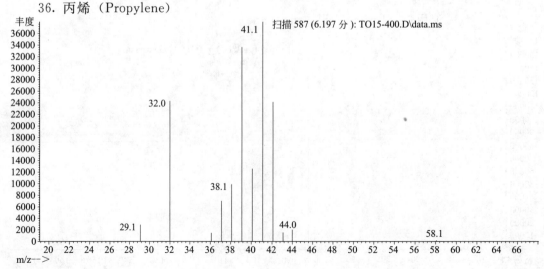

37. 对二甲苯（*p*-Xylene）

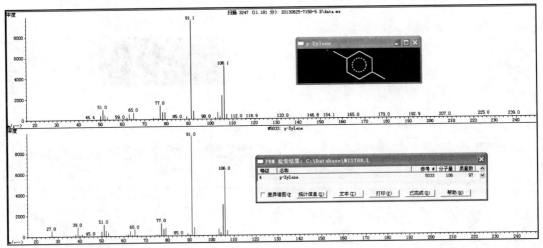

38. 苯乙烯（Styrene）

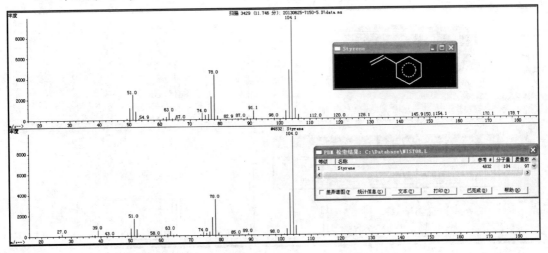

39. 甲基叔丁基醚（*tert*-Butyl methyl ether）

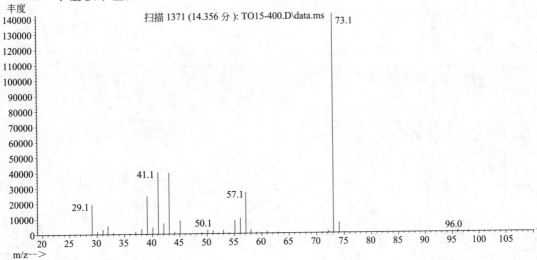

40. 1,1,2,2-四氯乙烷（1，1，2，2-Tetrachloroethane）

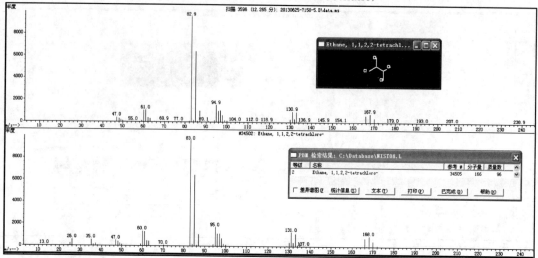

41. 四氯乙烯（Tetrachloroethylene）

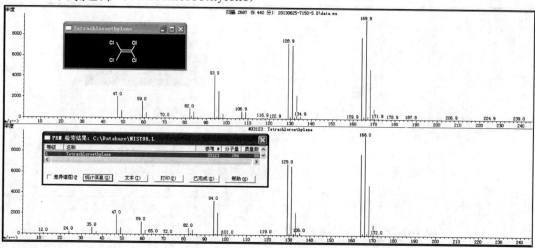

42. 四氢呋喃（Tetrahydrofuran）

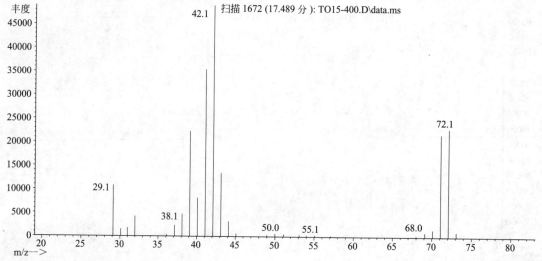

43. 反-1,2-二氯乙烯（*trans*-1,2-Dichloroethene）

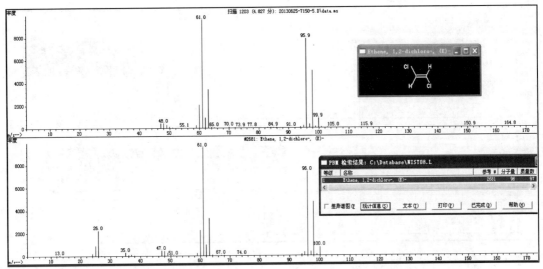

44. 反-1,3-二氯丙烯（*trans*-1,3-Dichloropropene）

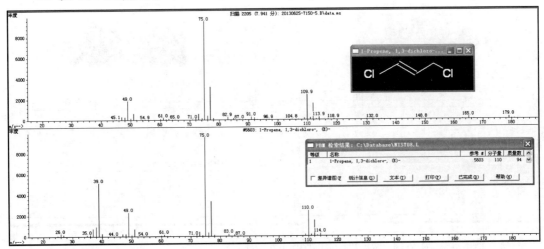

45. 三溴甲烷（Tribromomethane）

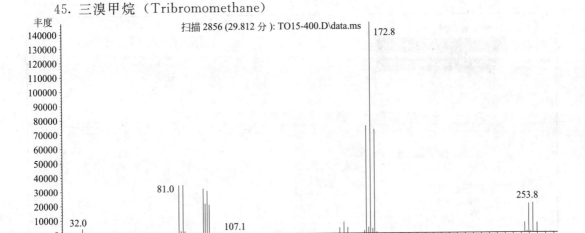

46. 三氯乙烯（Trichloroethene）

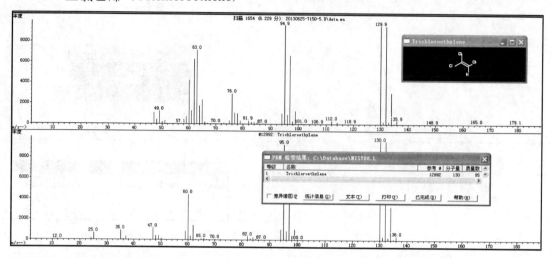

47. 1,1,2-三氯乙烷（1,1,2-Trichloroethane）

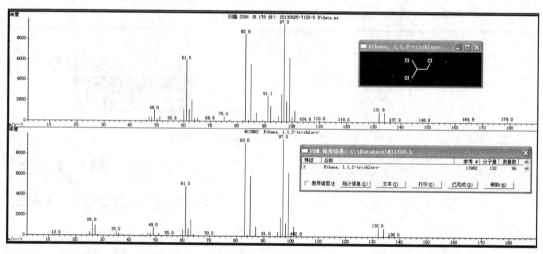

48. 1,3,5-三氯苯（1,3,5-Trichlorobenzene）

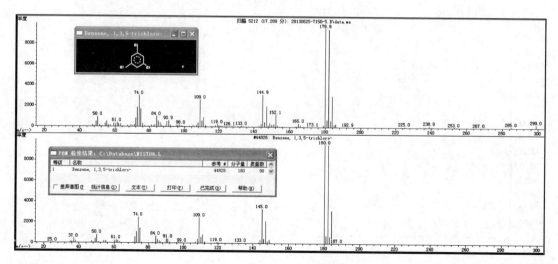

49. 三氯一氟甲烷，Freon 11（Trichlorofluoromethane，Halocarbon 11）

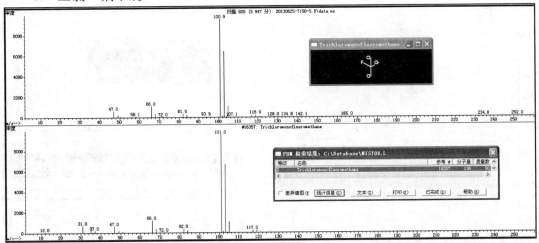

50. 三氯三氟乙烷，Freon113（1,1,2-Trichlorotrifluoroethane，Halocarbon 113）

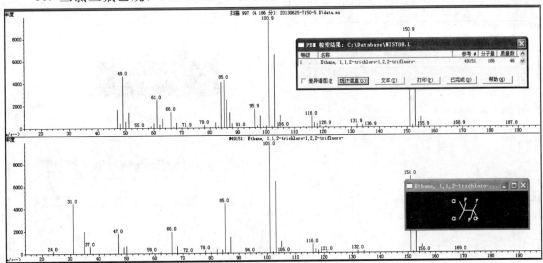

51. 异辛烷（2,2,4-Trimethylpentane）

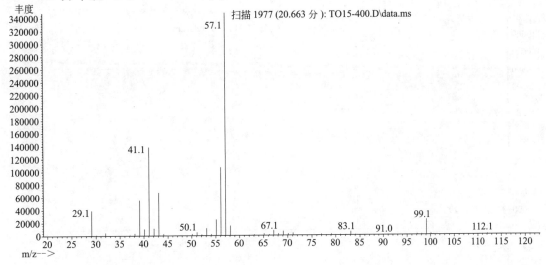

52. 甲苯（Toluene）

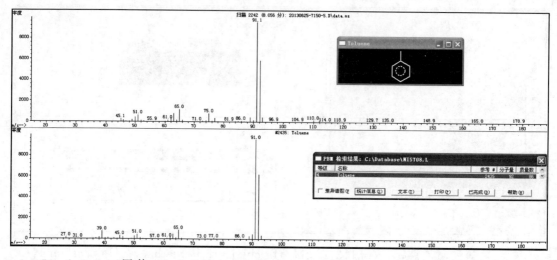

53. 1,3,5-三甲苯（1,3,5-Trimethylbenzene）

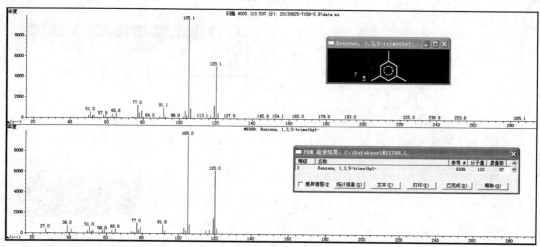

54. 乙酸乙烯酯（Vinyl acetate）

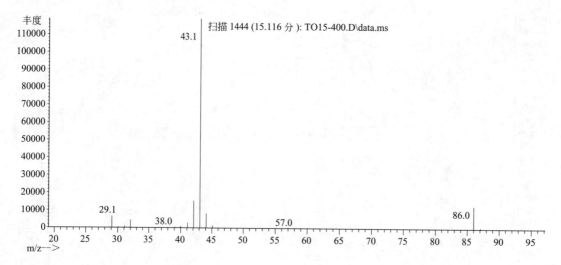

55. 溴乙烯 （Vinyl bromide）

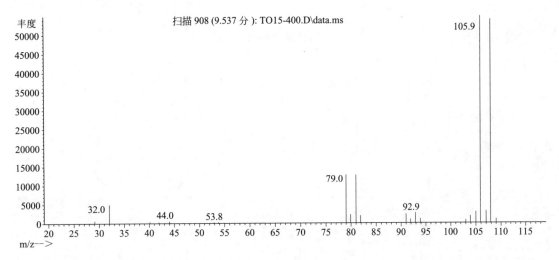

56. 氯乙烯 （Vinyl chloride）

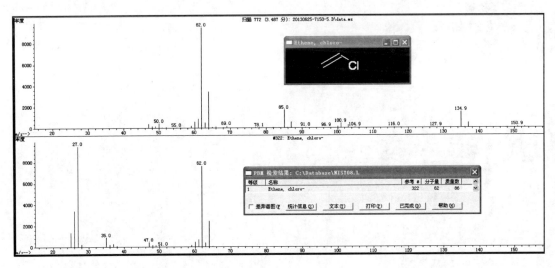